菠萝全产业链关键技术

李积华 龚 霄 周 伟 主编

中国农业出版社
北 京

图书在版编目（CIP）数据

菠萝全产业链关键技术 / 李积华，龚霄，周伟主编
. —北京：中国农业出版社，2023.1
ISBN 978-7-109-30541-0

Ⅰ.①菠… Ⅱ.①李… ②龚… ③周… Ⅲ.①菠萝一果树园艺②菠萝一副产品一加工 Ⅳ.①S668.3 ②TS255.4

中国国家版本馆 CIP 数据核字（2023）第 049864 号

中国农业出版社出版
地址：北京市朝阳区麦子店街 18 号楼
邮编：100125
责任编辑：神翠翠　　文字编辑：李　蕊
责任校对：张雯婷
印刷：中农印务有限公司
版次：2023 年 1 月第 1 版
印次：2023 年 1 月北京第 1 次印刷
发行：新华书店北京发行所
开本：787mm×1092mm　1/16
印张：9.25　　插页：4
字数：231 千字
定价：58.00 元

编写人员

主　编　李积华　中国热带农业科学院农产品加工研究所
　　　　龚　霄　中国热带农业科学院农产品加工研究所
　　　　周　伟　中国热带农业科学院农产品加工研究所
副主编　邹　颖　中国热带农业科学院农产品加工研究所
　　　　彭芍丹　中国热带农业科学院农产品加工研究所
　　　　葛　畅　中国热带农业科学院农业机械研究所
参　编　陈廷慧　中国热带农业科学院农产品加工研究所
　　　　曾凡珂　中国热带农业科学院农产品加工研究所
　　　　陈　冲　中国热带农业科学院农产品加工研究所
　　　　李亚军　宁夏西班酒庄有限公司
　　　　李莹莹　中国热带农业科学院农产品加工研究所
　　　　刘洋洋　中国热带农业科学院农产品加工研究所
　　　　何俊燕　海南省南繁管理局
　　　　黄晓兵　中国热带农业科学院农产品加工研究所
　　　　涂京霞　广州珠江啤酒股份有限公司
　　　　杨　青　广州珠江啤酒股份有限公司
　　　　杨胜涛　中国热带农业科学院农产品加工研究所
　　　　卫永华　山西师范大学食品科学学院

前　言

Preface

菠萝是世界第二大热带水果，2020年全球种植面积达到107.79万hm^2，产量2 781.64万t，占到全球热带水果总产量的20%，是世界热带地区最具特色和优势的重要水果之一。其果实香气浓郁，风味独特，富含糖类、有机酸、维生素C、粗纤维、钙、钾、磷和钠等多种营养成分，是一种重要的鲜食水果，也是果汁、罐头、果干和果酒饮品等产品的重要原料，具有极高的食用价值和经济价值。中国是全球菠萝主产国之一，2020年种植面积和总产量分别占全球总量的9.24%和9.49%，主要分布在海南、广东、广西、云南、福建、台湾等（亚）热带地区，是这些地区农村经济发展的支柱产业。其中，广东省是我国菠萝种植的优势产区之一，产量占全国总产量的64%。

我国菠萝产业发展长期稳定，但生产上一直存在诸多问题，如良种培育和推广进程缓慢，品种结构相对单一，种植规模化、标准化和机械化程度低，采后贮运体系不健全，不同品种菠萝加工适应性的研究缺乏，精深加工及综合利用不足等，导致菠萝产品不能充分满足消费市场的新变化和新需求，从而制约了菠萝产业的可持续、高质量发展。构建和完善菠萝产业链，有利于增加菠萝产品附加值，提高我国菠萝产业的整体市场竞争力。本书将从菠萝育种和栽培、采后保鲜与加工、副产物综合利用等多个方面进行系统总结，旨在为从事菠萝栽培育种、保鲜与加工、机械设备制造等相关领域的科研人员，企业的技术人员，大专和高职院校的教师和学生等提供参考。

中国热带农业科学院农产品加工研究所多年来一直致力于菠萝采后贮藏与加工方面的应用基础研究，在国内打破菠萝蛋白酶高效提取技术瓶颈并跻身国际前列，首次在国内建立了菠萝果酒低温全汁发酵技术，完成了菠萝皮渣无抗益生菌饲料发酵工艺研究并通过中试验证，研发了菠萝麻纤维提取、加工到抗菌纺织品生产的全套技术，自主设计并制造了我国第一台大型菠萝采摘机样机，在广东菠萝全产业链构建和技术升级中提供了重要的技术支撑，在推动湛江脱贫攻坚和实现美丽乡村建设事业中提供了不可或缺的智力支持。

本书的编写得到了徐闻菠萝国家现代农业产业园、湛江市菠萝优势产区现代农业产业园、农业农村部农业科研杰出人才培养计划、广东省重点领域研发计划（2022B0202050001）、海南省重点研发项目（ZDYF2023XDNY031）、湛江市创新创业团队引育“领航计划”（211207157080998）、湛江市农村科技特派员等项目的资助，在成书过程中得到湛江市农业农村局、徐闻县农业农村局、徐闻县农业技术推广中心、徐闻县曲界镇驻镇帮扶工作队等单位的大力支持，在此一并表示衷心感谢！

由于编者水平有限，书中难免有不妥之处，恳请各位同行专家和读者批评指正。

编　者

2022年8月

目　录

Contents

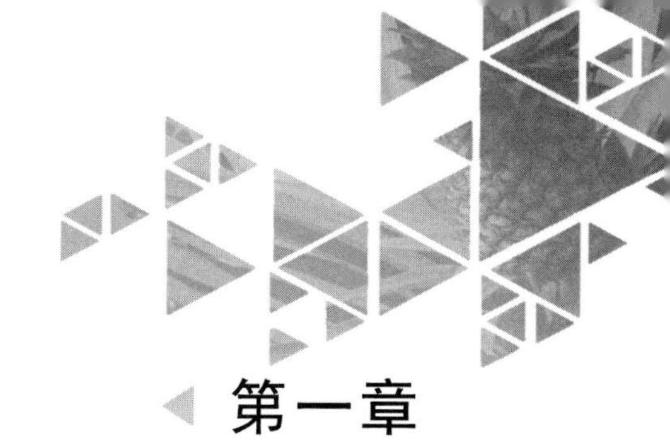

第一章
全球菠萝产业发展现状

菠萝是产量排名全球第二的热带水果，占全球热带水果总产量的20％，其风味独特，营养丰富，富含维生素C、粗纤维、有机酸、糖类、钙、钾、磷和钠等多种营养成分。此外，果皮中富含菠萝蛋白酶，能够分解食物中的蛋白质，促进肠胃蠕动，深受世界各地的消费者喜爱。随着人们消费水平的普遍提高和消费需求的渐趋多元，全球菠萝产业迎来良好的发展机遇，同时也面临前所未有的市场竞争。品种选育与驯化、标准化种植与机械化收获、采后保鲜与冷链流通、梯次加工与综合利用将是未来菠萝产业的重点发展方向。

一、简介

菠萝［*Ananas comosus*（L.）Merr.］，又称凤梨、番梨和黄梨等，是凤梨科（Bromeliaceae）凤梨属（*Ananas*）多年生单子叶常绿草本植物；矮生，无主根，具纤维质须根系；肉质茎被螺旋着生的叶片所包裹，叶剑形；花序顶生，生有许多小花，肉质复果由许多子房聚合在花轴上而成。每株只在中心结一个果实，其果实呈圆筒状，由许多子房聚合在花轴上而成，是一种复合果。菠萝叶最长达1 m多，紧密丛生在一个肥厚的肉质茎上，呈莲花座状，含有丰富的纤维，这种纤维含胶率高，单纤维长度短，可提取纤维麻，是高档服饰的纺织原料。全球菠萝种植区域主要分布在南北回归线之间的热带和亚热带地区。其中，亚洲（泰国、菲律宾、印度尼西亚、印度和中国）、中南美洲（哥斯达黎加和巴西）和非洲（尼日利亚和南非）是主产地，主栽品种有卡因类（Cayenne）、西班牙类（Spanish）、皇后类（Queen）和杂交类（Pernambuco）等四大类（Paull，1993）。2020年，全球菠萝总产量达2 781.64万t，其中，菲律宾（270.26万t）是世界上最大的菠萝生产国，其次是中国（263.93万t）、哥斯达黎加（262.41万t）、巴西（245.57万t）和印度尼西亚（244.72万t）（FAO，2022）。

菠萝属于典型的非呼吸跃变型水果，无明显的后熟变化，接近生理成熟前采收为宜，这时果实底部颜色由绿色变为黄色，最小可溶性固形物含量达到12％，酸度（可滴定酸度）不超过1％，基本符合消费者口感要求。菠萝果实含有人体所需的糖类、氨基酸、有机酸、矿物质元素（锰、铜、钙、锌）、维生素（如维生素C、B族维生素、类胡萝卜素）、膳食纤维和抗氧化剂（如多酚和黄酮类化合物）。菠萝果实口感甜酸、风味独特，营养价值高，既可鲜食，也可加工成果汁、罐头、果酒等多种产品（Tokitomo et al.，2005）。菠萝蛋白酶是从菠萝果汁、皮中提取的一种纯天然植物蛋白酶，可以选择性水解纤维蛋白，分解肌纤维，被广泛应用于生物制药、啤酒澄清和肉类嫩化等领域（付博 等，

2018；谢正林 等，2019）。此外，菠萝茎叶是菠萝叶（麻）纤维的主要来源，可以和其他天然纤维或者合成纤维混纺来加工特种纸张和面料（Sibaly et al.，2017；顾东雅 等，2011）。菠萝加工副产物（叶、芯、皮渣）可用于生产微生物发酵饲料和环保酵素（李梦楚 等，2013）。

菠萝与其他热带水果一样，当环境温度低于 12 ℃时容易发生冷害，冠叶呈暗绿色、萎蔫甚至枯萎，果肉呈半透明或水渍状，果芯部分或全部变黑。因此，通常建议成熟的果实在 7～10 ℃下贮藏，未成熟或部分成熟的果实在 10～13 ℃下贮藏（Reinhardt et al.，2018）。采后贮藏条件的选择，对于减缓菠萝果实品质劣变和避免微生物污染，进而有效延长货架期具有重要意义。

二、菠萝起源和历史

菠萝起源于南美洲，特别是在巴西和巴拉圭周边地区广泛分布。15—17 世纪，欧洲人为发展新生资本主义开启了远洋探索，以寻找新的贸易路线和贸易伙伴。1493 年，航海家哥伦布第二次前往新世界途中登陆了加勒比海的瓜达卢普岛，发现了这种水果，并称之为“*piña*”（Taussig et al.，1988）。据记载，岛上的原住民——Tupinambá 人很喜欢食用这种水果，并广泛用于其他食品、果酒和药物的制作。后来，哥伦布将这种奇异水果带回西班牙，得到国王和贵族们的青睐，菠萝从此成为盛情款待的象征，并开始出现在绘画、文学和音乐中。几个世纪以后，菠萝被传播到巴西、圭亚那、哥伦比亚、中美洲部分地区和西印度群岛等诸多地区，逐渐成为世界各地文化和美食的重要代表（Turner，1959）。

菠萝是南美印第安人节日和部落仪式上的重要主食，后来人们又发现这种水果具有预防坏血病的功效，随即通过海运到达世界各地；16 世纪初，西班牙人将其引入到菲律宾；1660 年引入到英国；18 世纪初，菠萝作为水果和观赏植物开始在温室中进行栽培；1548 年，葡萄牙商人将菠萝从印度尼西亚的东马鲁古群岛传入印度，随后传入非洲的东西海岸；1594 年，菠萝从巴西传入中国；1655 年引种到南非；1819 年，法属圭亚那培育的 Smooth Cayenne 品种被引入欧洲；19—20 世纪，卡因类（Cayenne）、西班牙类（Spanish）和皇后类（Queen）菠萝品种开始风靡全世界（Carlier et al.，2007）。由于菠萝鲜果采后的保质期较短，早期的商业贸易局限于相对较短的运输范围。例如，佛罗里达、巴哈马、古巴和波多黎各主要供应北美市场，亚速尔群岛主要供应欧洲市场。如果要从西印度群岛运往欧洲，那就要将菠萝连同整个植株一起运输。19 世纪初，凭借罐头工业技术的发展，东南亚、澳大利亚、南非、加勒比海和肯尼亚菠萝贸易日趋兴旺。但随后爆发的第二次世界大战，对东南亚工业造成毁灭性的破坏，夏威夷便开始取代科特迪瓦、菲律宾和泰国的地位。战后，得益于冷藏海运的蓬勃发展和市场贸易端的转移，菠萝鲜果的贸易市场开始不断扩大（Sanewski，2018）。

三、生态特点及区域分布

菠萝植株适应性强，耐瘠、耐旱，病虫害相对较少，易栽培，产量高，果实甜酸适口，清脆多汁，是当今世界热区的重要先锋作物。绝大多数菠萝生长发育所需的水分，不是贮存于叶肉内，而是贮存于簇生叶从基部自然形成的凹槽内（莲座状叶筒），生长季节除需经常浇水以保持土壤湿润外，还必须经常向叶筒内浇水以保证充足的水分，这是菠萝独有的一种生长习性（Min et al.，2005）。

菠萝属于典型的热带植物，原生长在热带雨林，较耐阴，由于长期人工栽培驯化而对光照要求增加，充足的光照下生长良好、果实含糖量高、品质更佳（Bartolome et al.，1995）。在年均 20～36 ℃的温暖气候中生长最适宜，它对霜冻的耐受性较差，但冬季温和凉爽的天气有利于促进开花、提高果实质量（孙伟生 等，2007）。在海拔 1 800 m 的地方，菠萝也能生长，但结出来的果实会偏酸。菠萝生长发育需要一定的水分，在年降水量 500～2 800 mm 的地区均能生长，而以 1 000～1 500 mm 且分布均匀为最适。菠萝植株有自行调节的功能，当土壤缺水时通过降低蒸腾强度、减缓呼吸、节约叶内贮备水分，以维持生命活动；严重缺水时，叶呈红黄色，须及时灌溉，以防干枯（Azevedo et al.，2007）。菠萝属于景天酸代谢途径植物，菠萝叶片上的气孔可在夜间进行光合作用来积累养分，如果水分过多，土壤湿度大，会使根系腐烂，植株凋萎。因此，雨水充足或能够得到适度灌溉，同时又具有良好的排水系统对于生产高品质菠萝非常重要（Simal et al.，2007；何衍彪 等，2020）。

菠萝对土壤的适应范围较广，由于根系浅，故以疏松、排水良好、富含有机质、pH4.5～5.5 的砂质壤土或山地红土较好，瘠瘦、黏重、排水不良的土壤以及地下水位高均不利于菠萝生长。同时，酸性土壤有利于减少土传病害，促进植物根部对铁元素的吸收。pH 接近中性的土壤需要喷施叶面 $FeSO_4$肥料才能满足植株的正常生长，因为和其他植物不同，即使在富含铁元素的土壤中，菠萝也可能无法摄取正常生理代谢所需的铁元素（Sarah et al.，1991；Sherman et al.，2019）。菠萝矮生，风害直接影响较小，三级以下的风还有利于呼吸作用。但强台风、飓风会扭折叶片和果柄，甚至吹倒植株，影响正常的生长发育；冬季冷风冷雨又会造成烂心。

菠萝原产于南美洲巴西、巴拉圭的亚马孙河流域一带，印第安人是第一批种植者，并将其引入加勒比群岛，公元 1600 年前传至中美和南美北部地区栽培。菠萝芽苗耐贮运的独特优势促进了菠萝在整个世界热区的引种和栽培。16 世纪末至 17 世纪初，传到东南亚各国。截至目前，菠萝在哥斯达黎加、美国、巴西、墨西哥、菲律宾、马来西亚、泰国、中国等 80 多个国家和地区栽培，产量仅次于香蕉，是世界种植分布范围最广的热带水果之一（Lea et al.，2018）。中国是全球菠萝十大主产国之一，但关于菠萝的引种、传播、食用的历史不清楚，主要是因为菠萝在中国历史上的称谓、在汉语中的名字极为复杂。据不完全统计，菠萝、波罗、凤梨、黄梨、露兜子、波罗蜜、菠萝蜜、香菠萝蜜、王梨、打锣槌等都有历史记载，其中以菠萝和凤梨最有竞争力。1692 年，高拱乾主持纂修的《台湾府志》中首次对凤梨进行了明确描述："果之属有凤梨，叶似蒲而阔，两旁有刺。果生于丛心中，皮似波罗蜜，色黄，味酸甘。果末有叶一簇，可妆成凤，故名之。"1705 年，任台湾同知的孙元衡，在《赤嵌集》写道："凤梨通体成章，抱干而生，叶自顶出，森如凤尾。其色淡黄，其味酸甘。"并作有《凤梨》一诗"翠叶葳蕤羽翼奇，绛文黄质凤来仪。作甘应似鐘笼实，入骨寒香抱一枝"来赞美菠萝（Debnath et al.，2012；张箭，2007）。

李时珍在《本草纲目》一书中记载到："菠萝能补脾胃，固元气，制伏亢阳，扶持衰土，壮精神，益气，宽痞，消痰，解酒毒，止酒后发渴，利头目，开心益志。"关于菠萝在中国的起源有以下几种说法：①16 世纪中期，葡萄牙人将菠萝传入澳门，然后由澳门传入广东、福建、海南，明清之际再由大陆传入台湾，最终形成了现在的主要产区（台、粤、琼、闽、滇和桂）。②冲绳岛北部拥有酸性红土壤，加上太平洋暖流的影响，为菠萝生长提供了得天独厚的风土条件，当地以种植手撕菠萝（台农 4 号）而闻名。1897 年前后，首次引种到中国南方地区。③1926 年，归国华侨倪国良从南洋引种"巴厘菠萝"，并在湛江市徐闻县愚公楼村一带成功试种和推广，后来逐渐发展成中国的优势菠萝产区，而徐闻县也被冠以"中国菠萝之乡"的美誉（黄宝康，2012；刘海清，2016）。

四、菠萝生产、贸易及消费趋势

（一）菠萝的生产

全球菠萝种植区 40.60%的面积分布在亚洲，35.37%的面积分布在非洲。而亚洲 56%的面积集中在东南亚，非洲 63%的面积集中在西非。全球菠萝产量从 2011 年的 2 279.14万 t，增长到 2020 年的 2 781.64 万 t，增长了 22.05%（表 1 - 1）。一方面，这种增长趋势和全球菠萝种植面积的增加直接相关，2011 年全球种植面积 96.98 万 hm^2，2020 年全球种植面积增加到 107.79 万 hm^2，增加了 11.15%。另一方面，产量的增加更得益于菠萝新品种的选育和栽培技术的改良，间接促进了菠萝产量的提高。

表 1 - 1　2011—2020 年全球菠萝种植面积和产量（FAO，2022）

年份	种植面积（万 hm^2）	产量（万 t）
2011	96.98	2 279.14
2012	100.41	2 397.96
2013	100.11	2 449.99
2014	101.56	2 543.15
2015	101.49	2 581.66
2016	103.22	2 595.13
2017	105.45	2 739.17
2018	109.71	2 833.18
2019	108.53	2 821.63
2020	107.79	2 781.64

注：数据引自联合国粮食及农业组织（FAO）统计数据库。

从区域分布来看（表 1 - 2），亚洲地区种植面积 43.76 万 hm^2，非洲地区 38.12 万 hm^2，美洲地区 25.43 万 hm^2 和大洋洲地区 0.48 万 hm^2，分别占全球总面积的 40.60%、35.37%、23.59%和 0.45%。由于自然资源差异和栽培管理技术的不同，亚洲地区成为目前全球最大的菠萝产区，2020 年总产量高达 1 250.05 万 t，占全球总产量的 44.94%，主要生产国有菲律宾、泰国、印度、印度尼西亚和中国。其次是美洲（北美洲、中美洲、南美洲和加勒比海地区）992.97 万 t，非洲 526.84 万 t，大洋洲 11.78 万 t，分别占全球总产量的 35.70%、18.94%和 0.42%（Farid and Anwarul，2017；Zizka et al.，2019）。

表 1-2　2020 年全球各地区菠萝产量情况（FAO，2022）

地区	面积（万 hm^2）	全球份额（%）	产量（万 t）	全球份额（%）
亚洲	43.76	40.60	1 250.05	44.94
非洲	38.12	35.37	526.84	18.94
美洲	25.43	23.59	992.97	35.70
大洋洲	0.48	0.45	11.78	0.42

注：数据引自联合国粮食及农业组织（FAO）统计数据库。

2016—2020 年，全球排名前十的菠萝生产国为菲律宾、中国、哥斯达黎加、巴西、印度尼西亚、印度、泰国、尼日利亚、墨西哥和哥伦比亚，前十个国家的菠萝总产量占全球 70%以上（表 1-3）。近几年，由于菲律宾政府在菠萝产业中的持续投入，菠萝产量逐年小幅提高，2020 年产量（270.26 万 t）排名全球第一；巴西的菠萝总产量从 2016 年的 255.91 万 t 逐年下降到 2020 年的 245.57 万 t；印度尼西亚的菠萝总产量逐年提高，从 2016 年的 139.62 万 t 增加到 2020 年的 244.72 万 t。泰国、墨西哥、尼日利亚、中国（不含台湾地区）和哥伦比亚等国家菠萝总产量的波动幅度不大（Akhilomen et al.，2015；Cahyono，2020；Wattanakul et al.，2021）。

表 1-3　2016—2020 年主要菠萝生产国（或地区）产量汇总表（FAO，2022）（单位：万 t）

国家或地区	2016 年	国家或地区	2017 年	国家或地区	2018 年	国家或地区	2019 年	国家或地区	2020 年
哥斯达黎加	292.32	哥斯达黎加	331.70	哥斯达黎加	341.82	哥斯达黎加	332.81	菲律宾	270.26
菲律宾	261.25	菲律宾	267.17	菲律宾	273.10	菲律宾	274.79	中国	263.93
巴西	255.91	泰国	232.84	巴西	265.22	中国	258.98	哥斯达黎加	262.41
泰国	201.36	巴西	230.96	中国	248.92	巴西	241.83	巴西	245.57
中国	192.67	中国	204.83	泰国	235.09	印度尼西亚	219.65	印度尼西亚	244.72
印度	192.40	印度	186.10	中国大陆	205.71	中国大陆	215.87	中国大陆	222.03
尼日利亚	153.32	印度尼西亚	179.60	印度尼西亚	180.55	泰国	182.53	印度	179.90
中国大陆	139.95	尼日利亚	150.03	印度	170.60	印度	171.10	泰国	153.25
印度尼西亚	139.62	中国大陆	149.48	尼日利亚	150.99	尼日利亚	151.45	尼日利亚	150.82
哥伦比亚	98.01	墨西哥	94.52	墨西哥	99.96	墨西哥	104.12	墨西哥	120.82
墨西哥	87.58	哥伦比亚	94.42	哥伦比亚	89.94	哥伦比亚	100.87	哥伦比亚	88.26
全球	2 595.13	全球	2 739.17	全球	2 833.18	全球	2 821.63	全球	2 781.64

注：数据引自联合国粮食及农业组织（FAO）统计数据库。

中国是全球菠萝主产国之一，种植面积和总产量分别占到全球总量的 9.24%和 9.49%，主栽品种以巴厘为主，随着我国植物品种选育技术的进步，菠萝品种逐步优化，优质品种如金菠萝（MD-2）、金钻凤梨（台农17号）、神湾菠萝、冬蜜凤梨（台农13号）、西瓜凤梨（大菠萝）、手撕凤梨（台农4号）、牛奶凤梨（台农20号）、香水凤梨（台农11号）、苹果凤梨（台农6号）和甜蜜蜜（台农16号）等开始进行示范种植和推广。尤其是台农和金菠萝系列的种植面积逐年扩大（吕润 等，2021；毛永亚 等，2020）。近几年，我国菠萝生产总体稳定，基本保持在8.77万hm^2左右，产量约200万t，总产值达59亿元，主产区有广东、海南、广西、福建及云南。其中，广东与海南菠萝产量增长较快，分别占我国菠萝总产量的64%和23%。目前，广东省作为我国菠萝种植优势产区，菠萝种植面积最大，2019年高达4.33万hm^2，80%以上集中在湛江市（约3.53万hm^2）。其中，徐闻县的曲界、下桥等地约2.13万hm^2，雷州半岛的英利等地1.00万hm^2，徐闻县总产量约76.8万t，总产值达14.8亿元。此外，在江门、中山、揭阳、汕头及广州市郊等地也有少量种植；海南产区主要分布在澄迈、万宁（龙滚）、琼中和琼海；云南产区主要分布在西双版纳南部及景洪附近；广西产区主要分布在南宁南部、武鸣、邕宁、宁明、博白和合浦等地。此外在贵州的兴义、福建的泉州和漳州等地也有部分种植（金琰，2021；王元，2017）。

（二）菠萝的贸易

近几年，全球菠萝的生产和贸易都处于稳定增长阶段。2009年，全球菠萝进口总量255.76万t，总产值21.13亿美元；出口总量284.07万t，总产值15.14亿美元。2020年，全球菠萝进口总量330.50万t，总产值25.24亿美元；出口总量348.25万t，总产值20.56亿美元（Jaji et al.，2018）。2020年，全球排名前十的菠萝贸易国见表1-4。作为全球十大菠萝生产国之一，哥斯达黎加2020年遭受了连续降雨和秋季破坏性热带风暴，年产量降至262.41万t，但仍以204.73万t的出口总量稳居世界第一，占全球出口总量的58.79%。菲律宾是全球第一大菠萝供应国，主要出口对象国是中国，2020年出口总量约为41.90万t，占全球出口总量的12.03%。这得益于近年来菲律宾政府对菠萝产业的持续投入，种植面积和生产规模不断扩张，尤其是自主培育品种——金菠萝品质优良，广受国际市场的欢迎。目前，菲律宾是少数几个实现菠萝鲜果全年供应的国家，而中国的菠萝采收期主要集中在每年3～5月，这种情况直接带动了中国进口市场的强劲需求。荷兰以20.80万t的出口量紧随哥斯达黎加和菲律宾之后，占全球出口总量的5.97%。美国是全球第四的菠萝出口国，出口总量仅有9.69万t，产值不足1亿美元；同时美国是全球第一的菠萝进口国，美国菠萝进口总量高达109.91万t，产值约7.17亿美元，其次是荷兰、中国、日本、西班牙、比利时和德国等国家。中国的菠萝国际贸易以鲜果进口为主，2020年中国进口菠萝22.05万t，产值1.84亿美元，出口4.83万吨，产值0.60亿美元，其中主要进口对象是菲律宾，主要出口对象是俄罗斯；美国和欧盟是菠萝罐头的主要出口贸易国（Henry et al.，2019）。世界水果交易市场中菠萝的价格波动往往很大，这主要取决于国际市场的供需关系，同时又受到栽培品种、果实质量和加工情况等因素的影响和制约。在美国，新鲜菠萝的进口是其国内菠萝贸易市场的重要组成部分，并且每年维持在90%的市场份额。随着分子生物学，特别是组织培养技术和基因工程技术的不断进步，菠萝无性系杂交新品种不断涌现，果实本身具备更低的酸度、更少的纤维和更浓郁的香气，刺激了鲜食菠萝的消费需求。2009—2020年，美国新鲜菠萝进口量持续增长，主要进口国有哥斯达黎加、墨西哥和洪都拉斯。除了新鲜菠萝，美国还进口大量的菠萝加工产品，如速冻菠萝、菠萝罐头、菠萝原榨汁、菠萝NFC果汁和浓缩果汁、菠萝干。欧盟是最大的菠萝汁消费市场，占世界进口总量的50%，在菠萝汁产品规格、市场渠道、产品细分方面的需求具有市场风向标的作用（Wattanakul et al.，2020）。其中，荷兰是欧盟最大的菠萝汁进口国，其次是法国、德国、意大利和英国，近年来进口总量也呈现不断增长的趋势，哥斯达黎加和泰国是主要供应国。受不同地域饮食习惯的影响，全球消费人群对菠萝的品质需求千差万别，整体上看，欧盟对菠萝品质的要求普遍较高。市场调查发现，欧盟内部存在广泛的菠萝贸易，荷兰和比利时等一些国家是欧盟主要的菠萝进口国和分销商。

表1-4　2020年主要菠萝出口国和进口国贸易情况（FAO，2022）

出口国	数量（万t）	产值（亿美元）	进口国	数量（万t）	产值（亿美元）
哥斯达黎加	204.73	9.23	美国	109.91	7.17
菲律宾	41.90	3.08	荷兰	30.15	2.40
荷兰	20.80	2.00	中国	22.05	1.84
美国	9.69	0.84	日本	15.71	1.26
比利时	8.80	0.79	西班牙	15.21	1.22
中国	4.83	0.60	比利时	13.08	1.19
洪都拉斯	7.92	0.44	德国	12.60	1.14
厄瓜多尔	8.43	0.41	法国	12.83	1.14
危地马拉	6.73	0.40	英国	13.49	1.11
西班牙	2.39	0.26	意大利	13.61	1.02
全球	348.25	20.56	全球	330.50	25.24

注：数据引自联合国粮食及农业组织（FAO）统计数据库。

（三）消费趋势

菠萝是最受欢迎的加工用水果之一，但受加工技术弱、产业链不完整等诸多因素的影响，菠萝消费仍以鲜食为主，尤其是在加工水平欠发达的发展中国家。在欧美发达国家，菠萝除了用于鲜食外，加工产品（果汁、罐头、果脯和果干等）也是主要的销售主体和消费对象。

菠萝在美国最受欢迎，因为它是四大热带水果中价格最低的一种，除了鲜食，主要用来加工混合果汁产品。20世纪90年代后，随着世界各地菠萝优良品系和品种的成功选育，菠萝鲜果、鲜切菠萝和冰冻菠萝的市场份额逐年增加。2017年，美国人均菠萝（鲜果和加工产品）消费量约为3.3 kg，比2012年的消费量（6.16 kg）减少约46%。其中，菠萝罐头的人均消费量从4.4 kg下降到1.50 kg，但鲜切菠萝的市场份额却呈逆势增长的趋势。欧盟国家的菠萝人均消费量约为2 kg，显著低于美国的人均消费水平。其中，德国、西班牙、英国和意大利是最大的菠萝消费国，德国菠萝消费量约占欧盟国家消费总量的20%（CBI，2019）。近年来，消费者对有机产品消费需求的强劲增长，大大促进了菠萝种植产业规模的扩大和品质提升。但有机菠萝仍然是一个利基市场，对种植者的田间管理要求较高，整个流程成本投入巨大，存在一定的市场风险。另外，受德国和英国等全球主要菠萝出口市场的价格主导，菠萝及其产品的全球价格波动将成为常态。中国是菠萝消费大国，2014—2019年，国内消费量由约134万t增长到166万t，年均增长4.8%，且进口量增长较快，但消费形式仍以鲜果为主，销售体系以传统渠道为主，加工量不到总产量的10%，且产品以菠萝罐头为主，其次有果汁、果干和果酱（Ismail et al.，2018）。近年来，少量优质菠萝用于速冻加工，短期贮藏后供给餐饮业作为食品工业原料使用。一方面，中国的菠萝种植和消费市场受东南亚菠萝主产国的巨大冲击，另一方面，国内菠萝种植和消费市场结构不断升级，导致台农和MD－2系列品种消费量增长将明显高于巴厘品种，主栽品种巴厘的价格有可能继续保持低位（Shu et al.，2019）。

五、小结

近年来，世界菠萝鲜果贸易增长迅速，而鲜果市场竞争的基础是果实品质。巴西正在推行综合栽培技术，使杀虫剂、灭菌剂、除草剂的用量分别减少37%、20%和47%。南非和法国通过菠萝植株抗逆机制研究、种质改良和新型植物提取剂的应用，建立了零农药健康栽培体系。随着速冻、低温真空干燥等现代农产品加工技术的不断完善与应用，速冻菠萝、鲜切菠萝、菠萝脆片等新产品不断涌现，利用菠萝特有香气调味增香的混合果汁、什锦罐头也日益增多。

据调查，全球菠萝需求的增长将导致其产量进一步增加。作为欧盟和北美大型超市主要供应商的大型农业跨国公司，未来仍将是菠萝营销的主要渠道。与其他主要热带水果相比，菠萝在全球的地理分布最不集中，没有一个国家的产量超过全球总产量的12%。据推测，全球菠萝种植面积增加2%，对应的总产量将增长2.3%，到2029年全球菠萝总产量将达到3 300万t。其中，菠萝出口量将达到360万t，美国仍将是全球最大的菠萝进口国，占全球份额的35%，紧随其后的是欧盟，占全球份额的28%。随着人口的结构改变和收入水平的提高，人们对菠萝的消费需求仍将保持高速增长。一方面，在区域发展和人口变化的影响下，人们的消费需求正发生深刻变革，尤其是欧美国际市场对菠萝进口需求的增长进一步促进了菠萝种植业的高标准发展。另一方面，菠萝属于典型的非呼吸跃变型水果，果实采收后不易长时间贮藏，如何延长产品长距离运输过程中的货架期，是目前制约菠萝鲜果全球贸易的关键产业问题。

参考文献

付博，段杉，齐明，等，2018. 复合酶澄清剂在啤酒酿造中的应用研究［J］. 中国酿造，37（6）：174－178.
顾东雅，王祥荣，2011. 菠萝纤维的研究进展［J］. 现代丝绸科学与技术，26（3）：15－117.
何衍彪，谢云巧，吴婧波，等，2020. 土壤酸碱度、空气湿度对菠萝心腐病发生的影响［J］. 中国植保导刊，40（8）：14－18.

黄宝康，2012. 家庭百草园系列之三十六 菠萝［J］. 园林，7：74－75.

金琰，2021. 我国菠萝市场与产业调查分析报告［J］. 农产品市场，8：46－47.

李梦楚，王定发，周汉林，2013. 热带农业废弃物的饲料化利用研究进展［J］. 热带农业科学，33（10）：62－64.

刘海清，2016. 中国菠萝产业国际竞争力研究［D］. 北京：中国农业科学院.

吕润，邹海平，陈小敏，等，2021. 台农系列菠萝品种在海南地区的引种表现［J］. 热带农业科学，41（2）：66－70.

毛永亚，肖图舰，孙伟生，等，2020. 金菠萝在贵州热区的引种表现及栽培技术［J］. 农技服务，37（11）：15－16.

孙伟生，吴青松，窦美安，等，2007. 菠萝寒冻害的发生及防治［J］. 中国热带农业，2：58－59.

王元，2017. 菠萝的海［J］. 中国农垦，11：77.

谢正林，庄炜杰，许俊齐，等，2019. 木瓜蛋白酶和菠萝蛋白酶对牛肉的嫩化效果研究［J］. 天津农业科学，25（10）：64－67.

张箭，2007. 菠萝发展史考证与论略［J］. 农业考古，4：172－178，193.

Akhilomen LO，Bivan GM，Rahman SA，et al.，2015. Economic efficiency analysis of pineapple production in Edo State，Nigeria：A stochastic frontier production approach［J］. *American Journal of Experimental Agriculture*，5（3）：267－280.

Azevedo PV，Souza CB，Da Silva BB，et al.，2007. Water requirements of pineapple crop grown in a tropical environment，Brazil［J］. *Agricultural Water Management*，88（1－3）：201－208.

Bartolome AP，Ruperez P，Fuster C，1995. Pineapple fruit：morphological characteristics，chemical composition and sensory analysis of red Spanish and Smooth Cayenne cultivars［J］. *Food Chemistry*，53（1）：75－79.

Cahyono P，2020. Effects of compost on soil properties and yield of pineapple（*Ananas comusus* L. MERR.）on red acid soil，lampung，Indonesia［J］. *International Journal of GEOMATE*，19（76）：33－39.

Carlier JD，Eeckenbrugge GCD，Leitão J M，2007. Fruits and nuts［M］. Berlin：Springer.

Debnath P，Dey P，Chanda A，et al.，2012. A Survey on pineapple and its medicinal value［J］. *Scholars Academic Journal of Pharmacy*，1（1）：24－29.

Farid H，Anwarul I，2017. Pineapple production status in Bangladesh［J］. *Agriculture，Forestry and Fisheries*，6（5）：173.

Henry C，Chato RC，2019. Economic and social upgrading in the Philippines' pineapple supply chain［J］. *Research Department Working Paper*，52：3－38.

Ismail NAM，Abdullah N，Muhammad N，2018. Effect of microwave－assisted processing on quality characteristics of pineapple jam［J］. *Journal of Advanced Research in Fluid Mechanics and Thermal Sciences*，42（1）：24－30.

Jaji K，Man N，Nawi NM，2018. Factors affecting pineapple market supply in Johor，Malaysia［J］. *International Food Research Journal*，25（1）：366－375.

Lea F，Eeckenbrugge DGCD，2018. History，distribution and world production［M］. London：CABI.

Min XJ，Bartholomew DP，2005. Effects of flooding and drought on ethylene metabolism，titratable acidity and fruiting of pineapple［J］. *Acta Horticulturae*，666：135－148.

Paull RE，1993. Biochemistry of fruit ripening［M］. London：Chapman & Hall.

Reinhardt DHRC, Bartholomew DP, Souza FVD, et al., 2018. Advances in pineapple plant propagation [J]. *Revista Brasileira de Fruticultura*, 40 (6): 298-302.

Sanewski GM, 2018. Genetics and genomics of pineapple [M]. Switzerland: Springer.

Sarah JL, Osseni B, Hugon R, 1991. Effect of soil pH on development of pratylenchus brachyurus populations in pineapple roots [J]. *Nematropica*, 21 (2): 211-216.

Sherman LA, Brye KR, 2019. Soil chemical property changes in response to long-term pineapple cultivation in Costa Rica [J]. *Agrosystems, Geosciences & Environment*, 2 (1): 1-9.

Shu H, Sun W, Xu G, et al., 2019. The situation and challenges of pineapple industry in China [J]. *Agricultural Sciences*, 10 (5): 683-688.

Sibaly S, Jeetah P, 2017. Production of paper from pineapple leaves [J]. *Journal of Environmental Chemical Engineering*, 5 (6): 5978-5986.

Simal S, Femenia A, Castell-Palou Á, et al., 2007. Water desorption thermodynamic properties of pineapple [J]. *Journal of Food Engineering*, 80 (4): 1293-1301.

Taussig SJ, Batkin S, 1988. Bromelain, the enzyme complex of pineapple (*Ananas comosus*) and its clinical application. An update [J]. *Journal of Ethnopharmacology*, 22 (2): 191-203.

Tokitomo Y, Steinhaus M, Buttner A, et al., 2005. Odor-active constituents in fresh pineapple (*Ananas comosus* [L.] Merr.) by quantitative and sensory evaluation [J]. *Bioscience, Biotechnology, and Biochemistry*, 69 (7): 1323-1330.

Turner R, 1959. The life of the Admiral Christopher Columbus by his Son Ferdinandby Benjamin Keen [J]. *Indiana Magazine of History*, 55 (4): 404-405.

Wattanakul T, Nonthapot S, Watchalaanun T, 2020. Factors determine Thailand's processed pineapple export competitiveness [J]. *International Journal of Managerial Studies and Research*, 8 (1): 36-41.

Wattanakul T, Nonthapot S, Watchalaanun T, 2021. Factors influencing the processed pineapple export competitiveness of Thailand [J]. *The Australasian Accounting Business and Finance Journal*, 15 (3): 119-127.

Zizka A, Azevedo J, Leme E, et al., 2019. Biogeography and conservation status of the pineapple family (Bromeliaceae) [J]. *Diversity and Distributions*, 26 (2): 183-195.

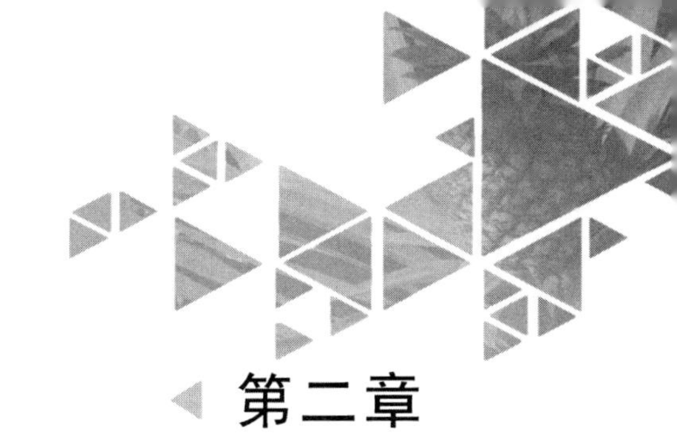

第二章
菠萝育种、栽培和田间管理

一、简介

菠萝具有较高的营养价值和独特风味，深受大众的喜爱，被誉为“罐头之王”。目前，国际上菠萝罐头的常用品种主要为无刺卡因，而我国加工品种主要为皇后类巴厘品种。皇后类巴厘品种具有早熟、香味浓郁、颜色鲜艳、抗性强和适种性广的优点，是适合鲜食和加工两用的品种，占我国菠萝种植面积的76%（金琰，2021）。我国菠萝产业目前仍存在种植品种单一、新品种推广力度不足、品种选育工作落后、标准化和规模化程度低等问题。品种选育与驯化是解决我国菠萝品种单一、结构不合理的基本手段，同时也为菠萝规模化种植和标准化加工提供适宜的品种资源。本章介绍了菠萝的品种资源、生物学特性、栽培管理要求等方面的知识，以期为菠萝种植和育种提供参考。

二、品种资源

（一）形态特征

菠萝是多年生单子叶常绿草本植物，其植株形态由下至上主要分为根、地下茎、块茎芽、地上茎、叶片、吸芽、果柄、裔芽、果实和冠芽。根部为纤维质须；叶片呈剑形，簇生在肉质茎上；花为穗状花序；果实为肉质聚花果，着生在果梗顶端；果顶着生顶芽，果柄上长托芽，并在茎上抽生出吸芽。

菠萝的根系是由茎节上的根点发生，没有主根，为须根系。不同繁殖体，其根群生长和分布情况存在差异。冠芽在定植后第一年产生的根群浅而分布广，吸芽和裔芽所产生的根群分布深而狭。根的入土深浅，随土壤而异，土层浅、易板结的果园，根系分布也浅，根群裸露，根生长受阻碍，植株容易衰老；反之，土层深厚、疏松的果园，植株根深叶茂，丰产且寿命长。

菠萝的茎为黄白色肉质、近纺锤形圆柱体，分地下茎和地上茎。地上茎顶部着生中央生长点，营养生长阶段分生叶片，发育阶段分化花芽，形成花序。

菠萝的叶片多、长且大。叶片镶嵌排列在茎上，能把雨水引至根部。同时，叶片内的贮水组织厚，叶的肉质及表皮外多蜡质，这些耐旱的结构有利于保水。叶革质、剑形，叶面深绿或淡绿色，有紫色彩带，叶缘有刺或无刺，叶面中间呈槽状。叶片多、长、大的植株结的果实也大。

菠萝的芽按照着生部位不同分为顶芽、裔芽、吸芽和块茎芽四种。顶芽着生于果顶，一般为单芽，也有双芽或多芽。皇后类冠芽小而紧凑，卡因类冠芽大而松散。裔芽着生于果柄的叶腋里，吸芽着生在地上茎的叶腋里，一般在母株抽薹后抽生，形成次年的结果母株。卡因类采用吸芽种植的菠萝品质好，成熟早，而生产中的巴厘和台农系列种植苗主要来源于裔芽。

菠萝的花为穗状花序，由肉质中轴周围小花聚生构成，花序从茎顶叶丛中抽出，花序基部有呈红色的总苞片。菠萝的花是无花柄的完全花，花瓣互叠呈筒状。小花外面有一片红色苞片，花谢后转绿色或呈紫红色，至果实成熟时又变为橙黄色。开花时基部小花先开，逐渐向上，每朵花从开花到花谢大约 24 h。

菠萝的果实为聚花肉质果，是由花序中轴和聚生于中轴周围的小花肉质子房、花被和苞片基部融合发育而成的。从花序抽生到果实成熟需要 120～180 d，具体的生长发育期因品种和环境温度有所差别。早熟品种皇后类的巴厘，正造果 100 d 左右成熟，卡因类比较晚熟，其他品种菠萝介于二者之间。成熟后的果实由冠芽、小苞片、果皮、果肉、总苞片、果柄、果芯、果眼和子室组成。果实有圆筒形、圆锥形、圆柱形等，果肉有深黄、黄、淡黄和淡黄白等。果实大小、形状、果眼深浅、果肉颜色、果肉结构、嫩脆或含纤维多少、果汁多少、香味浓淡等因品种的不同而表现出不同，这些性状上的差异与食用方式及果实的耐贮藏性等有密切关系。果实的成熟主要分为绿熟期、黄熟期、完熟期和过熟期 4 个阶段。在成熟过程中，菠萝果皮由绿色到黄绿色，再到全黄色；果肉颜色逐渐变深；果香味逐渐浓郁，最后过熟期甚至会出现酒味。

菠萝是自花不孕的植物，只要品种相同，都不能结籽。由于菠萝开花而不结籽，对鲜食是有好处的。但是不同品种间进行异花授粉则可以获得种子，种子多为棕褐色，质地坚硬，大小如芝麻，一般一个果眼可以产生 10 粒以上种子。育种工作者利用这个特点，将不同的品种进行人工授粉，获得杂交种子，再通过人工选育，培育出新品种。

（二）种类和品种

目前，全球菠萝栽培品种达到 100 多种，根据品种性状及来源等特征细分为无刺卡因类、皇后类、西班牙类、伯南布哥类和佩罗莱拉类五大类，其中无刺卡因类和皇后类是全球范围内的主栽种类。

（1）无刺卡因类（Smooth Cayenne group）。无刺卡因类的植株高大健壮，叶片长而无刺或仅在叶片尖端叶缘有少许刺，叶肉厚而浓绿。叶面彩带明显，白粉较少。果实大且为长圆筒形，有短而粗壮的花梗，不易裂果，果皮橙黄色，果肉淡黄色，纤维含量低，芳香多汁。但果实易受烈日灼伤，不耐贮藏。代表品种为无刺卡因（Smooth Cayenne），其果实具有果眼浅、肉色黄、风味佳及产量高的特点，主要用于罐头等产品的加工，全球 95%菠萝罐头的原料均为无刺卡因。与无刺卡因相比，其杂交种 MD-2 的糖分、维生素 C、色素和纤维含量更高，香气更加浓郁，是一个优良的鲜食菠萝品种（Loeillet et al.，2011）。

（2）皇后类（Queen group）。皇后类是最古老的栽培品种，也是我国的主栽品种之一。该种植株矮小、密集多刺，呈波浪形，刺细而密。叶两面披白粉，叶片中央有红色彩带，叶片呈黄绿色，叶背中线两侧有2条锯齿状粉线。每株吸芽2～4个，花淡紫色。对病菌敏感，比无刺卡因类抗冷害和病害能力强，货架期较长。果实较小，呈筒形、微圆锥形或球形，早熟。果皮呈金黄色，果芯小而脆，果肉色泽金黄，爽脆而奇甜，汁多，香气浓郁，适合鲜食。个别品种果实较大，用于罐头加工，代表品种为皇后（Queen）。其中，巴厘和神湾菠萝是我国主要的栽培品种，占我国菠萝栽培总面积的80%以上。

（3）西班牙类（Spanish group）。该种的植株较大，叶片阔长，薄而软，叶色深绿，叶缘多尖而硬的红刺，个别品种无刺或者少刺，常出复冠，易生吸芽和茎芽，耐高温和干旱，对线虫和土壤中的锰敏感，对果腐病具较高抗性，易受流胶病侵染而发生褐变及裂果。果实中等，稍圆，果眼深，晚熟。果皮橙红色，果肉淡黄至金黄色，纤维多，肉质较韧，果芯大，果汁少，酸含量低，香味浓。果实成熟时质地较硬，易收获及运输。西班牙类是南美地区的主栽品种，植株中小，多叶，健壮抗粉蚧，适合鲜食，但因果眼深和果肉色泽较差，不适合加工罐头。红色西班牙（Red Spanish、Espanola roja）是加勒比地区的主栽品种（Bartolomé et al.，1995），新加坡西班牙（Singapore Spanish）是马来西亚西部的主要罐头加工品种。

（4）伯南布哥类（Abacaxi group）。该种的植株健壮、叶长、直立有刺，暗绿色，抗疫霉和抗虫害，耐旱，但对串珠镰孢菌较敏感。果实小到中型，果圆锥形，绿色，果肉白色或淡黄色，多肉多汁，香气浓郁优雅，维生素C含量高，被誉为“最美味菠萝”，是重要的鲜食品种之一。其果肉软嫩，不适合商业运输和罐头加工。代表品种Pérola，又名Pernambuco、Branco de Pernambuco、Eleuthera。

（5）佩罗莱拉类（Perlera group）。该种的植株有许多暗绿色长叶，嫩时红色，叶管状完全光滑无刺，易受太阳灼伤，植株抗串珠镰孢菌，但易感果芯腐病及果蝇危害。果实大，不规则圆柱形，有种子，果眼深，果皮黄色到橙色，果肉浅黄色到黄色，硬而甜。佩罗莱拉类是中南美，特别是巴西最重要的商业品种，品质上乘，适合鲜食，代表品种为佩罗莱拉（Perlera），又名Tachirens、Capachera、Motilona、Lebrija。

三、育种

菠萝从发现到改良为可食用水果这一过程至少经历了三大阶段。第一阶段是1493年欧洲人来到加勒比海前的早期驯化阶段；第二阶段主要是16—19世纪欧洲人收集、培养、育苗和繁殖获得无刺卡因、皇后、红西班牙、新加坡西班牙和佩罗莱拉等品种，一定程度上促进了菠萝种质资源库的建立；第三阶段伴随着菠萝商业性单一栽培的需要而兴起，最早、最全面的现代育种计划发生在美国，主要在夏威夷，并最终得到了MD-2和MD-1两个品种，用于商业种植（Sanewski，2018）。

菠萝属于一种自花不实的植物，同一品种或品系的菠萝无法产生种子，只有通过不同类型品种的菠萝相互授粉才能获得种子（Crestani et al.，2010）。在生产中主要通过无性繁殖，如冠芽、裔芽、吸芽和茎部等营养体繁殖的手段进行种植。然而，长期通过无性繁殖获得的菠萝种苗，会出现明显的种性退化（多冠芽、多裔芽、畸形果和不结果等不良变异）、果实商品价值欠佳等问题。种苗性状稳定性的相关研究需要得到育种科技工作者的高度重视，只有不断提高种苗的繁殖技术，扩大种苗的繁殖规模，实现标准化、规模化的种苗繁殖，才能获得品质统一的种苗。

过去十几年，果农已经逐渐习惯了低酸鲜食杂交品种的种植，但当前消费市场在高品质鲜食菠萝的强劲需求对未来品种的选育提出了更高的要求。同时，需要建立完善的监管体系，以保证菠萝采收前植株的稳定生长，从而保证果实品质。与鲜食菠萝相比，加工对果实品质的要求不同，我国通过引进优良品种和改良现有品种，进一步推动加工品种的种植规模持续增加，传统繁殖技术无法满足现有市场的种苗需求，采用多种育种技术手段，培育更多满足菠萝鲜食或加工需求的新品种是目前急需解决的育种问题。目前，菠萝育种主要包括杂交育种、诱变育种和生物技术育种三种方式。

（一）杂交育种

杂交育种（种间杂交、逆代杂交）是最主要的菠萝育种方式，根据育种目标选择合适的亲本，可加快育种速度（Sanewski et al.，2011），具有预测性强的特点。由于菠萝具有自交不亲和的特点，采用不同品种间的杂交以维持商业化品种的优良性状，这是早期获得商业化优良品种的途径。夏威夷菠萝研究所利用无刺卡因作为亲本，通过种间杂交和属间杂交对菠萝的抗性、营养、酸度和风味等方面进行了改良（徐迟默 等，2007）。

（二）诱变育种

诱变育种是一种可以使植株产生新的优良性状的一种方法，包括辐射诱变育种和化学诱变育种。其中辐射育种主要采用中子、γ射线、X射线、电子束、离子束和紫外线作为辐射源。其中，钴-60的γ射线是一种最为常见的辐射源。主要是利用辐射诱变处理得到的营养体，可初选出若干优良株系，并作为优良的亲本，为进一步育种提供更多选择。辐射育种操作简便、方便快捷、成本低廉。但是选育过程所需要的样本数庞大，需要大量工作才能获取具有稳定优良性状的新品种。目前，大量学者针对辐射诱变理论做了大量工作，试图从理论层面揭示辐射诱变的机理，从而大幅度减少工作量，使其朝着可控的方向发展。

此外，还可以通过秋水仙素诱导产生多倍体植株，多倍体菠萝植株具有明显生长优势。其中三倍体具有植株高大、果实大、果眼大而平或微突、肉质坚实、香味浓的特点。四倍体的菠萝植株叶片增厚，较硬，叶大，内折的折曲大，叶面常有肋状条纹突起。该育种方法具有稳定性高、成本较低的特点。

（三）生物技术育种

传统育种方法往往受制于自交不亲和性，杂合度高，以及后代评价和选育周期长的问题。而基因工程可以改变单一的农艺性状，除了改变的性状外，转化克隆的遗传完整性保持不变（Gómez-Lim et al.，2004）。基于菠萝全基因组测序，可以通过基因工程手段，针对菠萝特定品种基因的靶向修饰具有很好的应用前景，特别是在对单个性状进行改良时，可对现有的优良品种进行点突变育种。

菠萝基因转化的主要目标包括耐除草剂、抗线虫和抗粉虱枯萎病毒，控制开花和果实成熟，以及改善果实品质。主要是通过农杆菌介导和微弹轰击介导（Davey et al.，2004）

转化的方式进行基因递送。此外，还开发了从转化细胞中获得转基因菠萝植株的高效再生系统（Wang et al.，2009）。研究表明，利用农杆菌介导法可以获得抗 PMWaV－2 的菠萝植株，这些转基因植物在 PMWaV－2 感染几个月后没有出现任何菠萝凋萎病症状（Perez et al.，2006）。此外，多酚氧化酶活性与菠萝黑心病成正相关，可通过沉默多酚氧化酶基因达到抗黑心病的效果（Ko et al.，2006）。因此，基因工程是解决菠萝病害、控制开花和提高果实品质的有效手段。

四、田间栽培管理

（一）种植环境条件的要求

菠萝适于温暖湿润的气候、肥沃疏松的土壤，对环境条件的适应性比较强。外界环境对菠萝生长发育有重要影响，当环境条件适宜时，菠萝植株没有明显的休眠期，能全年生长。种植环境中的温度、土壤、水分、养分、光照和风对菠萝的生长有显著影响。

菠萝喜欢温暖、日照充足的环境，全年平均温度控制在 24～27 ℃，此温度是其最佳的生长温度，低于 15 ℃生长被限制，10 ℃以下则停止生长，低于 5 ℃将会引起冷害。夏果生长发育期间，高温高湿，成熟时间短，果实品质好；相反秋冬果生长受温度影响较大，果实品质风味较差。菠萝经济栽培适宜气候为冬季无霜或少霜，年平均气温大于20 ℃，最冷月平均温度大于 12 ℃，绝对最低温度大于 0 ℃，极端最高气温≤43 ℃，阳光充足。因此，广东、海南、广西和福建成为我国菠萝的主产地。

菠萝对于土壤要求不高，除沙滩和黏性重的土壤外，能在有机质含量高于 2%，pH 在 4.5～5.5，疏松、排水良好的土壤中栽种。但高酸、高碱、常年积水严重和土地板结的土壤均不利于菠萝生长。菠萝属于浅根性植物，需及时做好排水工作，以免表土被冲刷后根部裸露，影响植株生长，降低果实品质。土壤以土层深厚、排水良好，属红壤、砖红壤和黄壤类型的轻黏壤、壤质和砂壤土为佳，忌瘦瘠黏硬及积水的土壤。

菠萝植株具有较好的耐旱特性，年平均降水量在 1 000～1 500 mm 时有利于植株生长。菠萝快速生长期间恰逢雨季，可以较好满足菠萝对于水分的需求。当平均降水量低于 50 mm 时，菠萝叶片会呈红黄色，植株必须灌溉及时补水；遇到大雨到暴雨时，由于土壤湿度大，根系易腐烂引起相关疾病，需及时做好排水工作。

菠萝对于光照的要求随着品种的改进有所增加。光照充足，菠萝植株生长旺盛，果实品质好、产量高，风味好；而光照不足时，植株叶片变细、果小、味酸且纤维多而粗。但光照过强将会引起植株叶片变黄变红，果实被灼伤，特别是接近成熟的果实，影响果实外观和品质。目前，主要采取适当的密植和果实套袋防止日灼。

此外，在菠萝种植地选择时，还需注意风向和风力。3 级以下的风力有利于植株生长，但台风和大风天气将会吹倒甚至吹断植株果柄和果叶，影响正常生长发育。

（二）田间管理

我国菠萝种植主要选择在丘陵和山坡上，种植密度较大，种植后期不易追肥。菠萝作为一次种植可以连续收获多次的多年生草本果树，具有果型大、单产高、营养生长快和耐肥水的特点，因此，对肥料的需求量较高。为了使植株生长旺盛，并能持续高产稳产，应根据菠萝的生物学特征和立地条件，进行合理施肥。其中，充足的基肥不仅有助于供应种苗的生长发育，还能改善土壤，增加土壤透水透气性，调节土壤酸碱度，促进根系生长。对于后期统一抽蕾、吸芽早抽发和果实丰产都有很好的效果。

目前，菠萝种苗主要是冠芽、裔芽、吸芽和茎部等营养体通过无性繁殖技术获得。此外，采用整形素催芽繁殖、组织培养育苗、老茎切片育苗等技术也可以获得种苗（Reinhardt et al.，2018）。在种植前应选择长势良好、无病虫害、无损伤、无变异、品种纯的壮苗，并对种苗分类分级。生产上的种苗通常采用裔芽苗和吸芽苗，其中裔芽苗应在20 cm以上，吸芽苗应在 35 cm 以上。菠萝种苗应该尽快种植，避免长期贮运对种苗造成机械损伤和腐烂，短时间存放应选择干爽通风性好的高地，定植前应去除多余的基叶。深耕浅种是菠萝稳定丰产的关键性措施之一，种植时以不盖过中央生长点为好（侯才森，2011）。

当菠萝生长达到发育期时，茎上的休眠芽相继萌发成裔芽和吸芽。吸芽着生部位逐年上升，气生根不易深入土中，易造成植株早衰。因此，及时培土是菠萝田间管理中重要的措施之一。

当菠萝到开花期，植株达到足够的大小和生理成熟度时，植株就会开花。而同一批次的植株出现开花时间不一致，将会导致果实大小不一，成熟期不一致，分批采收困难，严重影响规模化采收，造成未成熟果实的浪费。为保证同一批次植株同时开花和结果，就要求果农能够准确预测菠萝果实收获时间，往往需要人为干预开花时间。目前常用的催花剂主要是电石、乙烯利、萘乙酸和萘乙酸钠。不同品种菠萝适宜的浓度差异较大，如乙烯利对于巴厘菠萝适宜的浓度为 200 mg/L，而对于无刺卡因菠萝则为 400 mg/L（周迪 等，2020）。此外，采用植物生长调节剂喷淋果实，可以促进果实发育，增加产量，还可以延长果实成熟期，常用的植物生长调节剂有赤霉素、萘乙酸和萘乙酸钠。

当果实谢花后 7 d 左右、冠芽长至约 6 cm 时，应进行封顶操作。封顶有助于促进果实的发育膨大和丰产，而且封顶后的小冠芽可作为育苗使用。但封顶期间多为高温天气，果实易被灼伤，需采用防晒措施。此外，着生在果柄上的裔芽，会影响果实发育，应及时清除。清除后的裔芽可集中培养为裔芽苗用于种苗。

菠萝种植过程中最忌积水，在发育期间降水量大是涝害的主要因素。因此，对果园排水提出了更为严格的要求，应提前修整排水沟，以在雨季及时排水。在种苗定植时，特别是定植后一个月左右，遇旱时需要灌溉，以促进新根萌发，加速植株生长。在果实生长发育期间，特别是果实成熟前，需要给予充足水分，以促进果实膨大丰产，缺水则会导致果小产量低（Carr，2012）。

杂草不利于菠萝植株生长发育和果实丰产，及时清除杂草，有助于清除窝藏在杂草中的病菌、线虫和昆虫，同时能有效减少田地肥力的流失。种植果园里杂草的去除主要是通过合理喷洒除草剂来实现。

（三）病害防治

菠萝的商业性栽培实现优质丰产的关键环节除了种苗繁殖和田间管理外，还需要特别注意病虫害防治。

1. 主要病害及其防治

菠萝病害主要有凋萎病、心腐病、黑心病、日灼病、叶斑病、裂柄裂果病以及由于维生素失衡导致的其他病害，其中以凋萎病最为常见。

（1）菠萝凋萎病（Mealybug wilt of pineapple，MWP）：又称为菠萝根腐病，是最严重的菠萝病害之一，严重的可以造成减产30%～50%。该病表现为叶片失水皱缩，颜色由绿变黄后变红，植株叶片凋萎甚至整株枯死；地下部分表现为根部停止生长，随后腐烂或枯死。该病多发于春季低温阴雨和秋冬高温干旱天气，春季阴雨期土质黏湿，根部生长受阻且易腐烂，秋冬干旱期粉蚧虫繁殖速度快，加重凋萎病发生。

凋萎病被普遍认为是由菠萝凋萎病病毒（Pineapple mealybug wilt - associated virus，PMWaV）引起。其中，PMWaV - 2是一种致病病毒。研究表明，虽然菠萝凋萎病病毒是引起菠萝凋萎病的致病因子，但在缺少菠萝粉蚧作为传播媒介的环境下不能诱发菠萝凋萎病（Dey et al.，2018）。菠萝凋萎病主要以粉蚧为媒介，而蚂蚁与粉蚧具有良好的互利共生关系，有效防治菠萝凋萎病可以分别从防治粉蚧和蚂蚁入手（Sether et al.，1998）。加强果园管理，及时消灭粉蚧和蚂蚁是防治菠萝凋萎病的有效手段。此外，还可以通过植物检疫，选育抗病虫害的优良品种，深耕改善土壤，种苗在种植前进行药剂浸泡，及时烧毁病株等措施有效预防和改善凋萎病的传播和发生。

（2）菠萝心腐病（Pineapple heart rot）：又称为烂心病和心枯病，易发生在定植后不久的幼苗，也有在生长期和结果期出现。该病表现为叶片暗淡无光，随着病情加重逐渐由黄绿变为红黄色，叶尖干枯，叶片基部出现水渍状病斑，腐烂的组织呈奶酪状，心叶易拔起，最终导致植株腐烂而死（Oculi et al.，2020）。该病多发于低温阴雨的春季和台风雨季。

该病主要由带菌种苗，尤其是带菌吸芽苗引起，可借助昆虫传播。选用健康无菌壮种苗或在种前进行种苗消毒是解决菠萝心腐病的有效方法。种植田中需修建排水系统，避免积水，发现病株应及时清除并销毁，并用石灰消毒后方可补种。

（3）菠萝黑腐病（Pineapple black rot）：又称为凤梨软腐病，是一种真菌性病害。黑腐病主要发生在成熟的菠萝果实，其病原菌为奇异根串珠霉（*Thielaviopsis paradoxa*）。该病的病原菌通过果实表面伤口进入，表现为果实表面出现水渍软斑，果肉呈透明状，病斑扩散到整个果实后形成黑色大斑块，最终导致腐烂发酵伴有臭味。同时病原菌还可能侵害幼苗导致苗腐，或侵入叶基导致心腐。

菠萝黑腐病可通过使用健康壮苗，及时处理种苗或植株伤口，减少采收、运输和贮存过程中的机械损伤，并注意田园排水等方法进行有效控制。还可以通过在土壤中增加土壤改良剂以及地膜覆盖的方式减少病原菌（Perez et al.，2021）。

（4）菠萝黑心病（Blackheart）：又称为褐腐病，是菠萝采收后的主要病害之一。黑心病主要发生在成熟的菠萝果实中，其病因主要与田间低温胁迫、活性氧产生和采后低温贮运相关。果实首先在靠近果芯部位出现褐色到深褐色病斑，随后扩散至果肉，但在这期间果实表面与正常果相似。黑心病的具体原因尚未被发现，但存在相关猜想。田间低温胁迫诱导活性氧产生并使质膜损伤，导致赤霉素接收信号引起细胞凋亡，在这期间存在着多酚氧化酶褐变反应（贺涵 等，2019）。菠萝果实黑心症状的发生是在低温环境下发生的一系列代谢紊乱的结果（Zhou et al.，2003）。

菠萝黑心病对鲜果贮运造成了巨大损失，也严重制约着鲜果的出口。通过精准使用激素，施足有机肥，贮运前进行干热处理的方法可以控制该病的发生。但事实证明，以上方法不能从根本上解决黑心病。研究表明，通过沉默多酚氧化酶（PPO）基因，获得抗黑心病的菠萝植株，有可能彻底解决菠萝黑心病（宋康华 等，2019）。然而，利用这种生物技术来控制黑心病需要建立在对黑心病病理的准确理解和精准调控的基础上。

（5）日灼病（Sunburn disease）：是由于菠萝植株遭受强烈的光照而出现的灼伤现象，常见于光照强烈的夏季，发病时植株叶片变为红黄色，果实大面积腐烂。这种病害的防治需要果农在夏季日光强烈的时候使用遮盖物保护植株免受日光直晒。

此外，还存在微量元素缺乏或过量引起的其他疾病，如钙锰过量使得植株缺铁，叶片黄化；缺铜导致叶片绿萎；缺硼导致植株生长停止和顶部枯死；缺镁会导致老叶边缘出现浅黄色斑点。

2. 主要虫害及其防治

菠萝粉蚧是菠萝最为常见和危害严重的害虫之一，主要包括菠萝粉红粉蚧、菠萝灰白粉蚧、长尾粉蚧，其中的菠萝粉红粉蚧（又称菠萝洁粉蚧、菠萝根粉蚧）是严重危害菠萝的主要粉蚧害虫。菠萝粉蚧积聚在植株的根、茎、叶和果的缝隙处，通过吸食汁液并传播凋萎病病毒引起植株枯死（胡钟予，2017）。因此植株健壮、汁液充足，有利于粉蚧的繁殖，但大雨对粉蚧有明显的冲刷作用。此外，在自然进化过程中，粉蚧与蚂蚁形成互利共生的关系，粉蚧吸食菠萝植株汁液后排出蜜露，蜜露富含多种营养物质，可作为蚂蚁的食物，与此同时蚂蚁可以帮助粉蚧抵御天敌的捕食或寄生，从而保护粉蚧族群（何衍彪 等，2007）。

目前，用于防治粉蚧和蚂蚁的方法主要以化学防治为主，采用杀扑磷等杀虫剂对于粉蚧具有很好的防治效果；采用汽油隔离和氟蚁腙（灭蚁腙）诱杀能有效控制蚂蚁的数量，从而有效杀灭虫害。

蛴螬是金龟子的幼虫，通过咬食菠萝地下茎和幼根，引起叶片失水变红而无光泽，叶尖收缩、干枯，根部受损严重，进而导致植株枯萎，一般暴发于夏季。未腐熟的基肥，或有机质较多、土质疏松的土壤均有利于金龟子产卵和蛴螬生长。此外，蟋蟀为杂食性害虫，植株包括果实在内均可作为其食物被啃食，从而造成植株枯萎和果实腐烂。

针对蛴螬和蟋蟀，除了可以在施加的肥料中添加呋喃丹进行除虫外，还可以根据这种害虫的习性，在菠萝植株的周围布置黑光灯等设施进行诱杀（黄俏，2021）。此外，还能针对性捕杀金龟子，从而间接控制蛴螬的数量。

菠萝线虫是菠萝重要病原之一，有 20 多种，如根结线虫、肾状线虫、腐败线虫等。在整地和种植种苗后的 3～4 个月，线虫数量较少，但随后数量急剧增加，植物生长受到严重影响。线虫通常喜欢轻质土壤，尽管在普通土壤和黏性土壤中也可以发现。线虫会寄生在根皮和中柱之间，吸食养分，形成不规则根瘤并使得病根坏死，导致叶片缺乏水分养分供应，逐渐变成红紫色，软化下垂，甚至枯死。病根、水流和带有线虫的肥料、农具等均是该病的传播媒介。

果园应该进行严格的检疫，避免在有线虫的区域种植，对于已有线虫的区域应该实行严格的消杀措施且增施牛粪等有机肥料。

五、小结

我国在菠萝育种方面已经具备一定的研究基础，但是我国种质资源缺乏，加上长期以来科研经费投入较少，育种研究工作进展很缓慢，与发达国家存在不小的差距。因此，我国菠萝育种方面的研究依旧迫在眉睫。此外，我国菠萝产业主要以鲜食为主，应该要更加关注对鲜食品种的改良，着力开发和推广适合鲜食的优良品种。对品种的培育目标是培育具有周年栽培、高产、矮生、早熟、块茎芽性、抗病、抗风、耐旱、无刺等特点的菠萝品种，并且要求鲜食果肉柔软多汁、糖酸比适宜、维生素 C 含量高。此外，应该继续加大我国菠萝产业中的科研投入，积极示范和推广新品种及新技术。

参考文献

贺涵，刘传和，匡石滋，等，2019. 菠萝黑心病机理研究进展［J］. 广东农业科学，46（9）：92-99.

何衍彪，詹儒林，赵艳龙，2007. 菠萝粉蚧及菠萝凋萎病研究进展［J］. 广东农业科学，2：47-50.

侯才森，2011. 菠萝高产栽培技术［J］. 种子世界，10：51-52.

胡钟予，2017. 新菠萝灰粉蚧生物学和生态学特性研究［D］. 杭州：浙江农林大学.

黄俏，2021. 菠萝栽培及病虫害防治技术［J］. 南方农业，15（11）：15-16.

宋康华，谷会，张鲁斌，等，2019. 菠萝黑心病研究进展［J］. 广东农业科学，46（11）：85-91.

徐迟默，杨连珍，2007. 菠萝科技研究进展［J］. 华南热带农业大学学报，3：24-29.

周迪，张秀梅，陈妹，等，2020. 菠萝花果发育研究进展［J］. 中国南方果树，49（6）：174-181，190.

Bartolomé AP，Rupérez P，Fúster C，1995. Pineapple fruit：morphological characteristics，chemical composition and sensory analysis of red Spanish and Smooth Cayenne cultivars［J］. *Food Chemistry*，53（1）：75-79.

Carr MKV，2012. The water relations and irrigation requirements of pineapple（*Ananas comosus* var. *comosus*）：A Review［J］. *Experimental Agriculture*，48（4）：488-501.

Chagné D，2015. Whole genome sequencing of fruit tree species［J］. *Advances in Botanical Research*，74：1-37.

Crestani M，Barbieri RL，Hawerroth FJ，et al.，2010. From the americas to the world-origin，domestication and dispersion of pineapple［J］. *Ciencia Rural*，40（6）：1473-1483.

Davey MR，Sripaoraya S，Anthony P，et al.，2004. Transgenic crops of the world［M］. Dordrecht：Springer.

Dey KK，Green JC，Melzer M，et al.，2018. Mealybug wilt of pineapple and associated viruses［J］. *Horticulturae*，4（4）：52.

Gómez-Lim MA，Litz RE，2004. Genetic transformation of perennial tropical fruits［J］. *In Vitro Cellular & Developmental Biology-Plant*，40（5）：442.

Ko HL，Camp Be LIPR，Jobin-Décor M，et al.，2006. The introduction of transgenes to control blackheart in pineapple (*Ananas Comosus* L.) cv. Smooth Cayenne by microprojectile bombardment [J]. *Euphytica*, 150 (3): 387.

Loeillet D, Dawson C, Paqui T, 2011. Fresh pineapple market: From the banal of the vulgar [J]. *European Journal of Neuroscience* (902): 587 - 594.

Oculi J, Bua B, Ocwa A, 2020. Reactions of pineapple cultivars to pineapple heart rot disease in central uganda [J]. *Crop Protection*, 135 (1): 105213.

Perez EP, Sether DM, Melzer MJ, et al., 2006. Characterization and control of pineapple mealybug wilt associated ampelovirus [J]. *Acta Horticulturae*, 702: 702.

Perez LAA, Angel DN, Perez MRV, et al., 2021. Suppression effects on pineapple soil - borne pathogens by *crotalaria juncea*, dolomitic lime and plastic mulch cover on MD - 2 hybrid cultivar [J]. *Phyton - International Journal of Experimental Botany*, 90 (4): 1205 - 1216.

Rabie EC, Mbatha BW, 2016. Evaluation of the efficacy of eclipse in reducing sunburn in 'Queen' pineapple of South Africa [J]. *Acta horticulturae*, 1111: 241 - 248.

Reinhardt D, Bartholomew DP, Souza FVD, et al., 2018. Advances in pineapple plant propagation [J]. *Revista Brasileira De Fruticultura*, 40 (6): 297 - 302.

Sanewski G, Smith M, Pepper P, et al., 2011. Review of genetic improvement of pineapple [J]. *Acta Horticulturae*, 902: 95 - 108.

Sanewski GM, 2018. The history of pineapple improvement genomics of pineapple. //Ming R. (eds) Genetics and genomics of pineapple [M]. Plant genetics and genomics: crops and models, Springer, Cham., 22: 87 - 96.

Sether DM, Ullman DE, Hu JS, 1998. Transmission of pineapple mealybug wilt - associated virus by two species of mealybug (*Dysmicoccus* spp.) [J]. *Phytopathology*, 88 (11): 1224 - 1230.

Wang ML, Uruu G, Xiong L, et al., 2009. Production of transgenic pineapple [*Ananas cosmos* (L.) Merr.] plants via adventitious bud regeneration [J]. *In Vitro Cellular & Developmental Biology - Plant*, 45 (2): 112 - 121.

Zhou Y, Dahler JM, Underhill SJR, et al., 2003. Enzymes associated with blackheart development in pineapple fruit [J]. *Food Chemistry*, 80 (4): 565 - 572.

第三章
菠萝营养及功能成分

一、简介

菠萝通常作为新鲜水果食用，由于其果肉具有多汁、香气怡人、酸甜可口的特点，品质较佳，深受广大消费者的喜爱。菠萝果肉营养成分也十分丰富，除含有蔗糖、葡萄糖、蛋白质、脂肪、粗纤维和有机酸外，还含有人体必需的维生素，以及易为人体吸收的钙、铁、镁、钾、钠、磷等矿物元素。本章综合叙述了菠萝的营养及功能成分和价值，以期为菠萝果实的开发利用提供参考依据。

二、理化及感官品质

菠萝因良好的风味、香气、口感而深受消费者的喜爱。果肉的物理化学性质与感官属性密切相关，如颜色、质地、香气（挥发性化合物）和味道（甜、酸、咸、苦）等。因此，理化性质是预测生理成熟度和食用品质（口感）最重要的参数。菠萝的感官特征和化学成分（糖类、有机酸、矿物质、膳食纤维、维生素、氨基酸等）很大程度上取决于菠萝的品种。表 3-1 展示了世界上不同地区主要栽培品种在大小、可溶性固形物含量、酸度和果肉颜色等方面的差异。

表 3-1　不同主栽菠萝品种的品质和种植区域

（Radha and Mathew，2007；Steingass et al.，2020）

类别	品种	质量（kg）	可溶性固形物（%）	总酸（%）	果肉色泽	种植区域
Cayenne	Smooth Cayenne，Hilo，Kew，St Michel，Champaka，Sarawak	2～3	12～16	0.5～1	浅黄色	澳大利亚、印度尼西亚、泰国、菲律宾、夏威夷
Extra Sweet Cayenne Hybrids	Del Monte Gold，Extra Sweet（MD-2）	1.5～3	15～17	0.5	深金黄色	哥斯达黎加、厄瓜多尔、巴拿马、夏威夷
Queen	Queen，Moris，Mauritius，Ripley，Comte de Paris，Alexandra，MacGregor，Jaldhup，Lakhat	0.8～1.5	14～18	0.5～0.8	深黄色	南非、澳大利亚、印度、中国

（续）

类别	品种	质量（kg）	可溶性固形物（%）	总酸（%）	果肉色泽	种植区域
Spanish	Red Spanish，Singapore，Red Ruby，Mamerah	1～2	10～12	0.3～0.6	深金黄色	古巴、波多黎各、加纳利群岛（西班牙）
Pernambuco	Pernambuco，Pérola，Sugar Loaf，Abacaxi	1～5	14～16	低酸	白色	巴西、厄瓜多尔、委内瑞拉
Mordilonus and Perolera	Perolera，MonteLiro，Manzana	3～4	14～16	低酸	白色	南美洲

菠萝有100多个品种，但只有6～8种用于商业种植，最主要的品种是Smooth Cayenne，占全世界菠萝种植的70%以上，但现在这个品种逐渐被市场上非常成功的杂交品种MD-2所取代。MD-2是来自Cayenne的一种非常甜的杂交品种（Steingass et al.，2020）。MD-2成熟时果皮呈金黄色，果肉香甜，纤维含量和酸度更低，其维生素C含量比普通品种如Smooth Cayenne高3倍（USDA，2014a，b）（表3-2）。与其他品种相比，它的采后货架期可延长9 d，冷藏期可达2周。该品种最初在夏威夷发现，后来被引进到哥斯达黎加，现在已成为拉丁美洲和亚洲大多数大型新鲜菠萝生产商的标准品种。除果皮颜色外，其他重要的品质指标还包括总可溶性固形物（TSS）、可滴定酸度（TA）、TSS/TA比值、pH、菠萝果肉的颜色和透明度（Steingass et al.，2020）。

表3-2 菠萝营养成分（每100 g鲜重）

营养成分		单位	Smooth Cayenne[1]	MD-2[2]
水		g	87.24	85.66
能量		kJ	188.36	213.48
蛋白质		g	0.55	0.53
脂肪		g	0.13	0.11
蔗糖		g	4.59	6.47
葡萄糖		g	1.76	1.70
果糖		g	1.94	2.15
膳食纤维		g	1.4	1.4
矿物质	Ca	mg	13	13
	Fe	mg	0.25	0.28
	Mg	mg	12	20
	P	mg	9	13
	K	mg	125	178
	Na	mg	1	2
	Zn	mg	0.08	0.20
	Cu	mg	0.081	0.113
	Mn	mg	1.593	0.818
	Se	μg	0.0	0.1

（续）

营养成分		单位	Smooth Cayenne[1]	MD-2[2]
维生素	维生素 C	mg	16.9	56.4
	硫胺素	mg	0.078	0.080
	核黄素	mg	0.029	0.033
	烟酸	mg	0.106	0.507
	维生素 B_6	mg	0.106	0.114
	叶酸盐	μg	—	19
	维生素 A	μg	3	3
	维生素 E（α-生育酚）	mg	—	0.02
	维生素 K（K_1）	μg	0.7	0.7

注：1. 数据引自 USDA，2014a；2. 数据引自 USDA，2014b。

（一）有机酸

有机酸的含量决定了菠萝的口感和风味（Hounhouigan et al.，2014）。菠萝果实中发现的有机酸主要是柠檬酸、苹果酸和奎宁酸（表 3-3）（Bartolomé et al.，1995；Lu et al.，2014）。表 3-3 列出了不同菠萝品种中有机酸的含量。有机酸在所有菠萝品种中均以柠檬酸为主，含量从 Pearl 的每 100 g 鲜重 0.26 g 到 Red Spanish 的每 100 g 鲜重 1.27 g 不等。在不同菠萝品种中，如表 3-3 所示，Pearl 的总有机酸含量最低，为每 100 g 鲜重 0.37 g，Red Spanish 的总有机酸含量最高，为每 100 g 鲜重 1.49 g。柠檬酸与苹果酸比值大于 2，可作为评价菠萝产品真实性的指标。

表 3-3　不同菠萝品种商业成熟期（每 100 g 鲜重）**的糖和有机酸含量**（g）

品种	可溶性糖	蔗糖	葡萄糖	果糖	总有机酸	柠檬酸	苹果酸	奎尼酸
Puket[1]	13.23	8.95	2.26	2.02	0.71	0.48	0.10	0.12
Nanglae[1]	13.23	8.18	2.71	2.34	0.51	0.26	0.11	0.13
Comte de Paris[1]	12.57	6.06	3.36	3.14	0.51	0.34	0.09	0.05
Smooth Cayenne-1[1]	11.00	6.48	2.42	2.10	0.71	0.44	0.16	0.10
MD-2[2]	10.67	7.90	1.46	1.31	0.49	0.29	0.10	0.09
MacGregor[1]	9.90	6.39	1.84	1.67	0.49	0.30	0.07	0.12
Queensland Cayenne[1]	9.67	6.99	1.37	1.31	0.58	0.38	0.08	0.12
Pearl[1]	8.16	4.52	1.91	1.72	0.37	0.26	0.05	0.05
Ripley[1]	8.62	5.07	1.95	1.59	0.45	0.28	0.08	0.09
Red Spanish[2]	6.45	4.59	0.46	1.40	1.49	1.27	0.22	No data
Smooth Cayenne-2[2]	8.16	4.5	1.45	2.21	1.18	0.8	0.38	No data

注：1. 数据引自 Lu et al.，2014；2. 数据引自 Bartolome et al.，1995。

（二）可滴定酸度（TA）

可滴定酸度（Titratable Acid，TA）是植物品质的重要构成性状之一，是影响果实风味品质的重要因素。一般来说，对于鲜食品种，高糖中酸，风味浓，品质优；对于加工品种，则要求高糖高酸。菠萝中的 TA 主要是非挥发的游离有机酸，大部分贮存在细胞的液泡中。已有研究表明，菠萝酸度的增加与菠萝中柠檬酸浓度的增加有着直接关系。总可溶性固形物（TSS）以百分数表示可溶性糖的含量。一般而言，TA 和 TSS 会因菠萝品种和生长环境的不同而有很大差异（表 3－4）（Lu et al.，2014）。pH 是菠萝品种间变异性最小的品质参数。因此，菠萝品种的 pH 从 3.45（Gold）到 4.24（Queensland Cayenne）不等（表 3－4）。一般来说，低 pH 的品种对应着高 TA（表 3－4）。相应的，随着 TSS 和 TA 的变化，不同环境下同一菠萝品种之间的 TSS/TA 值也存在较大差异。TSS/TA 值是评价菠萝果实品质最可靠的参数指标。优质菠萝果实的 TSS/TA 值在 20～40（Lu et al.，2014）。

表 3－4　不同菠萝品种在商业成熟的生理特性

品种	pH	可滴定酸 TA（%）	可溶性固形物 TSS（%）	TSS/TA 值
Puket	4.02	0.52	16.43	31.72
Nanglae	3.95	0.68	16.20	24.21
Comte de Panis	3.93	0.66	16.94	26.63
Smooth Cayenne	3.58	0.73	16.55	22.57
MD－2	4.13	0.53	16.12	30.26
MacGregor	4.14	0.79	20.11	25.44
Queensland Cayenne	4.24	0.69	17.80	25.63
Pearl	3.61	0.61	12.55	20.55
Ripley	3.91	0.51	20.45	41.08
Red Spanish	3.49	1.17	10.33	8.83
Josephine	3.98	0.84	12.72	15.14
Gold	3.45	0.56	13.00	23.30
Del Monte Hawaii Gold	3.71	0.45	12.40	27.20
Queen	3.48	0.56	12.80	22.86
Tropical Gold	3.53	0.64	12.20	19.06

注：数据引自 Ancos et al.，2017。

（三）色泽

食品的外观是影响消费者的可接受度和选择偏好的重要因素。水果产品的颜色是公认的最相关的质量参数之一，对消费者评价水果产品的质量起着决定性的作用。此外，判断菠萝果实成熟度最常用的方法是看菠萝果皮的颜色（从绿色变成黄色）。菠萝果肉的颜色也可以识别果实的生理成熟度和食用品质，可以根据国际菠萝鉴定委员会记录的 L^*、a^* 和 b^* 颜色空间坐标（CIE－Lab）进行客观定义。这些颜色值由 CIE－Lab 测定获得，其中 L^* 值对应于暗-亮刻度或明度（0 表示黑色，100 表示白色），a^* 定义红-绿（负表示绿色，正表示红色），b^* 表示蓝-黄（负表示蓝色，正表示黄色）。果肉的颜色值也可以识别成熟期相似的菠萝品种之间的差异（表 3－5）。L^* 值和 b^* 值是鉴别菠萝果肉颜色的主要特征值。

表 3－5　不同菠萝品种在商业成熟期的果肉色差值

品种	L^*	a^*	b^*
Smooth Cayenne－2	69.92	−6.09	27.56
Red Spanish	73.22	−2.57	24.22
Gold－2	68.7	−5.3	46.70
Smooth Cayenne－3	23.10	−3.32	6.33
Del Monte Hawaï Gold	20.60	−3.76	7.17
Queen	54.06	−2.21	20.15

注：数据引自 Ancos et al.，2017。

（四）挥发性香气成分

香气等感官品质极大地影响着消费者的接受度和购买偏好。香气来自不同的挥发性分子的组合，为菠萝提供了独特的水果风味。除了品种之外，其他因素如成熟度、温度、光照或加工类型也会影响芳香化合物的产生。已有文献报道，菠萝果实中检测出 380 种挥发性成分，但是仅有少量对菠萝果实香气有贡献（魏长宾 等，2019）。菠萝的特征香气和挥发性有机化合物可用于菠萝加工产品的质量监测，特别是菠萝的货架期。从鲜菠萝中鉴定出的挥发性化合物浓度最高的是 3－乙酰氧基己酸甲酯（每 100 g 鲜重 27.7 μg），其次是3－甲基丙酸甲酯（每 100 g 鲜重 12.7 μg）和 5－乙酰氧基己酸甲酯（每 100 g 鲜重 11.8 μg）。其他化合物如己酸甲酯（每 100 g 鲜重 3.9 μg）、己酸乙酯（每 100 g 鲜重 2.0 μg）、3－甲基硫丙酸（每 100 g 鲜重 2.8 μg）和 1－（*E*，*Z*）－3,5－十三烯（每 100 g 鲜重 0.1 μg）被认为是表征新鲜菠萝果实典型香气的挥发性化合物（Kaewtathip and Charoenrein，2012）。

三、营养成分

菠萝主要含有水、糖类、有机酸、膳食纤维、人体必需矿物质（Cu、Mg、Mn）和维生素 A、维生素 C、B 族维生素等营养物质。菠萝的脂肪和蛋白质含量较低（USDA，2014a，b）（表 3－2）。

水是菠萝的主要成分，在成熟期占果实鲜重的 85%～86%（TSS 至少达到 12%）。糖类作为菠萝中的又一主要成分，占鲜重的13.1%～13.5%。菠萝因热量低，在减肥饮食中广受欢迎。100 g 菠萝大约提供209.3kJ 的热量，相当于一个苹果的热量，这些热量很大一部分来自糖。

（一）可溶性糖

菠萝中的糖分可以提供能量，它们对菠萝的味道特征以及消费者对菠萝产品的接受度起着重要的作用。不同菠萝品种的可溶性糖含量已被广泛研究（Bartolomé et al.，1995；Li et al.，2011；Hounhouigan et al.，2014；Lu et al.，2014），传统品种 Smooth Cayenne 的总糖含量为每100 g 鲜重8.29 g，甜品种 MD－2 为每100 g 鲜重10.32 g（USDA，2014a，b）。一般来说，每个品种的可溶性糖含量取决于栽培时间、地理和气候条件。因此，中国栽培的 MD－2 品种的可溶性糖含量（每100 g 鲜重10.67 g）低于同样来自中国的 Smooth Cayenne－1 品种（每100 g 鲜重11.00 g）（表3－3）。中国栽培的其他品种如 Puket 和 Comte de Paris 每100 g 鲜重的可溶性糖含量分别为13.23 g 和12.57 g（Lu et al.，2014）。在加那利群岛（西班牙）种植的 Red Spanish 的总糖含量很低，为每100 g 鲜重6.45 g（表3－3）。

糖含量对菠萝的风味特性和品质评价具有重要意义。蔗糖是菠萝中主要的糖，其次是葡萄糖和果糖，葡萄糖的含量略高于果糖。表3－3展示了在中国和西班牙等不同国家种植的一些品种的糖特性（Bartolomé et al.，1995；Lu et al.，2014）。在中国品种中，蔗糖含量从 Pearl 的每100 g 鲜重4.52 g 变化到 Puket 的每100 g 鲜重8.95 g。Queensland Cayenne 和 Comte de Paris 每100 g 鲜重的葡萄糖含量分别为1.37 和3.36 g。在所有糖中，果糖含量最低，从 Queensland Cayenne 的每100 g 鲜重1.31 g 到 Comte de Paris 的每100 g 鲜重3.14 g（表3－3）。

每个品种的蔗糖、葡萄糖和果糖的比例都不一样。Puket 等蔗糖含量高的品种，蔗糖、葡萄糖、果糖的比例约为4.4∶1.1∶1.0。Comte de Paris 的蔗糖、葡萄糖和果糖的比例为1.9∶1.1∶1.0。

（二）矿物质元素

菠萝果实富含矿物质，生物活性高。菠萝果实中的主要元素为钾（每100 g 鲜重125～178 mg）、钙（每100 g 鲜重11～15 mg）、镁（每100 g 鲜重12～20 mg）和磷（每100 g 鲜重9～13 mg）。菠萝的钠含量比较低（每100 g 鲜重1～2 mg）。菠萝中其他较低浓度的重要矿物质包括锰（每100 g 鲜重0.818～1.593 mg）、铁（每100 g 鲜重0.25～0.28 mg）、铜（每100 g 鲜重0.081～0.113 mg）和锌（每100 g 鲜重0.08～0.20 mg）。

钾是细胞和体液的重要组成部分，有助于控制心率和血压。它在细胞内的浓度是由细胞膜通过钠-钾泵调节的。身体中大部分钾存在于肌肉组织中（Sánchez－Moreno et al.，2012）。甜品种如 MD－2 的钾含量（每100 g 鲜重178 mg）高于传统品种如 Smooth Cayenne（每100 g 鲜重125 mg）（USDA，2014a，b）（表3－2）。成年人钾的适宜摄入量（AI）是4 700 mg/d（IOM，2001）。

钙是人体最常见的矿物质，是骨骼健康和减少骨质疏松风险的非常重要的营养物质。

人体大约99%的钙存在于骨骼和牙齿中，1%存在于血液和软组织中。钙具有多种重要生物学功能：①结构上，贮存在人体骨骼中；②电生理学方面，带电荷穿过细胞膜；③参与细胞内监控机制；④作为细胞外酶和调节蛋白的辅助因子（Sánchez - Moreno et al.，2012）。一般来说，菠萝的钙浓度很高，每100 g约含13 mg（USDA，2014a，b）（表3-2）。钙的日推荐摄入量随年龄而变化，9～18岁为1 300 mg/d，19～50岁为1 000 mg/d，50岁以上为1 200 mg/d（IOM，2001）。

镁在至少300种基本的酶促反应中具有重要作用，包括磷酸基的转移，脂肪酸氧化起始过程中辅酶A的酰化，以及磷酸盐和焦磷酸盐的水解。此外，它在神经传递和免疫功能中起着关键作用（Sánchez - Moreno et al.，2012）。菠萝是一种富含镁的水果。MD-2的镁含量比传统品种如Smooth Cayenne每100 g鲜重高8 mg左右（USDA 2014a，b）（表3-2）。对于成年男性和女性，镁的日推荐摄入量分别为420 mg/d和320 mg/d（IOM，2001）。

磷是细胞必需的矿物质，因为它参与组成一种快速可用的能量来源。磷酸酯类如ATP、ADP和AMP在糖酵解和氧化磷酸化过程中发挥作用。体内磷含量最多的是骨骼（85%）和肌肉（14%）。骨的无机成分主要是磷酸钙盐。此外，细胞膜主要由磷脂组成（Sánchez - Moreno et al.，2012）。菠萝果实磷水平较高，在MD-2中磷浓度为每100 g鲜重13 mg，而Smooth Cayenne中磷含量约为每100 g鲜重9 mg（USDA，2014a，b）（表3-2）。成年男性和女性的日推荐摄入量为700 mg/d（IOM，2001）。

锰是超氧化物歧化酶的辅助因子，超氧化物歧化酶是一种非常强大的自由基清除剂，它能找出人体中的自由基并中和这些有害粒子。锰还参与形成影响骨骼结构健康、骨骼代谢、结缔组织再生的酶。MD-2果实中锰含量（每100 g鲜重0.818 mg）低于Smooth Cayenne等传统品种（每100 g鲜重1.593 mg）（USDA，2014a，b）（表3-2）。成年男性和成年女性锰的日推荐摄入量分别为2.3 mg/d和1.8 mg/d（IOM，2001）。

铁是人体必需的微量元素，主要作用是携带氧。它是携带氧气的蛋白质——红细胞中的血红蛋白和肌肉中的肌红蛋白的组成部分，也是多种酶的必要成分。人体铁主要以铁蛋白和铁血黄素的形式贮存在骨髓、肝脏和脾脏中。人体铁储量通常可以通过血清中铁蛋白的数量来估算（Sánchez - Moreno et al.，2012）。不同品种菠萝的铁含量为每100 g鲜重0.25～0.28 mg（USDA，2014a，b）（表3-2）。成年男性的日推荐摄入量为8 mg/d，19～50岁女性为18 mg/d，50岁以上女性为8 mg/d（IOM，2001）。

菠萝的铜含量取决于品种（表3-2）。总体而言，MD-2果实中铜含量（每100 g鲜重0.113 mg）高于Smooth Cayenne等传统品种（每100 g鲜重0.081 mg）（USDA，2014a，b）。铜参与血红素的合成和能量生产（细胞色素氧化酶），并保护细胞免受自由基损伤（超氧化物歧化酶）。铜还与一种增强结缔组织的酶（赖氨酸氧化酶）和大脑神经递质（多巴胺羟化酶）的合成有关（Sánchez - Moreno et al.，2012）。铜的日推荐摄入量是0.9 mg/d（IOM，2001）。

锌是人体所需的微量元素之一，人体中的各种酶以及核酸、蛋白质、糖类的合成都离不开锌元素的参与，也是细胞膜和细胞成分结构的稳定剂（Sánchez - Moreno et al.，2012）。总的来说，MD-2等甜品种的锌含量（每100 g鲜重0.20 mg）高于Smooth

Cayenne 等传统品种（每 100 g 鲜重 0.08 mg）（表 3－2）。女性和男性的锌日推荐摄入量分别为8 mg/d和 11 mg/d（IOM，2001）。

钠是细胞外液中的主要阳离子。钠与钾协同作用，维持适当的身体水分分布和血压。钠在维持适当的酸碱平衡和神经冲动的传递中也很重要。菠萝果实中的钠含量很低（每 100 g 鲜重 1～2 mg）（表 3－2）。成人的钠日推荐摄入量为 1 500 mg/d（IOM，2001）。目前对于健康人群的建议是减少钠的摄入，改善饮食和生活方式，可降低心血管疾病的风险。食用少量的菠萝可作为每日必需矿物质的重要来源（彩图 1）。

（三）纤维含量

纤维是植物性食物的组成成分，不能被人体吸收利用，但能促进胃肠道蠕动，加速粪便的排出，但摄入过量可能会结合人体中的一些微量元素。纤维还具有预防代谢性疾病的作用（Saura－Calixto，2011）。纤维可分为可溶性纤维和不溶性纤维。可溶性纤维主要有树胶、黏液、半纤维素和果胶。纤维素、半纤维素和木质素属于可溶性纤维。水果是这两类纤维的良好来源，特别是可溶性纤维。水果中最常见的纤维是纤维素、半纤维素和果胶。菠萝中的纤维主要由纤维素（79%～83%）、半纤维素（19%）、木质素（5%～15%）、果胶（1%）、蜡（2%～3%）和灰分（1%）组成。菠萝中纤维含量随品种、气候和地理条件的不同而不同。对于成人纤维的日推荐摄入量为 25～30 g/d，1～3 岁的儿童为 19 g/d，建议可溶性纤维占总推荐摄入量的50%。食用一小份菠萝就相当于每日所需膳食纤维的一部分。

（四）氨基酸

氨基酸存在于水果和蔬菜等不同的食物中，对人体营养非常重要。氨基酸也影响菠萝产品的感官特征和品质属性，包括味道、香气和颜色（Hounhouigan et al.，2014）。菠萝中的主要氨基酸为酪氨酸和色氨酸（Wen and Wrolstad，2006），其他的氨基酸有天门冬氨酸、脯氨酸、天冬氨酸、丝氨酸、谷氨酸、α－丙氨酸、氨基丁酸、酪氨酸、缬氨酸和异亮氨酸。氨基酸和糖在菠萝加工和贮藏过程中产生的美拉德反应产物（非酶褐变）对产品风味发挥重要作用（Hounhouigan et al.，2014）。

四、功能成分

（一）维生素类

1. 维生素 C

菠萝是维生素 C 的重要来源，其含量因品种不同而有很大差异（表 3－6）（Lu et al.，2014）。最受大众喜欢的菠萝品种 Smooth Cayenne 的维生素 C 平均值为每 100 g 鲜重 16.9 mg；同时，非常甜的品种 MD－2 的平均维生素 C 含量更高，为每 100 g 鲜重 56.4 mg（USDA，2014a，b）（表 3－2）。表 3－6 展示了不同菠萝品种的维生素 C 含量，从 Smooth Cayenne－1 的每 100 g 鲜重 5.08 mg 到 Del Monte Hawaii Gold 的每 100 g 鲜重 91 mg 不等。维生素 C 含量不仅和品种有关，还受无性系、气候地理条件和酸度等因素的影响。此外，同一品种的不同果实之间的维生素C含量差异高达150%。

表3-6 商品成熟期菠萝品种维生素C含量（mg每100 g鲜重）

品种	维生素C	品种	维生素C
Puket	8.72	Pearl[1]	6.70
Nanglae[1]	17.02	Ripley[1]	8.48
Comte de Paris-1[1]	10.07	Smooth Cayenne-3[2]	26.00
Smooth Cayenne-1[1]	5.08	Del Monte Hawaii Gold[2]	91.00
MD-2	33.57	Queen[3]	54.00
MacGregor[1]	13.63	Tropical Gold[4]	33.20
Queensland Cayenne[1]	8.21	Comte de Paris-2[5]	24.99

注：1. 数据引自Lu et al.，2014；2. 数据引自Ramsaroop and Saulo，2007；3. 数据引自Chakraborty et al.，2015；4. 数据引自Gil et al.，2006；5. 数据引自Li et al.，2011。

维生素C是人类不可合成的一种必需营养素。因此，人类必须从食物和补充剂中获取维生素C。维生素C是最有效、毒性最小的抗氧化剂。每天食用富含维生素C的食物有助于预防坏血病，对感染源和促炎自由基产生较好的抵抗力。此外，维生素C至少是八种酶促反应的辅助因子，包括几种胶原合成反应。胶原蛋白是机体中维持血管、皮肤、器官和骨骼完整所必需的主要结构蛋白（Sánchez-Moreno et al.，2012）。成年男性和女性的维生素C日推荐摄入量分别为90 mg/d和75 mg/d（IOM，2000）。食用少量菠萝可作为每日所需营养素的重要来源。

2. 维生素A

维生素A可从两种形式获得：预先形成的维生素A，通常为视黄醇酯，或维生素A原类胡萝卜素，特别是β-胡萝卜素。其他类胡萝卜素，如α-胡萝卜素、α-隐黄质和β-隐黄质也具有维生素A原活性，但程度不及β-胡萝卜素。在大多数发展中国家，维生素A的膳食摄入来自水果和蔬菜，其中大部分为β-胡萝卜素。

菠萝含有少量维生素A（每100克果肉提供3 μg）（USDA，2014a，b）（表3-2）。维生素A是保持良好视力，也是维持黏膜和皮肤健康所必需的。此外，维生素A在细胞分化、胚胎发生、免疫反应、繁殖和生长过程中发挥着重要作用。对于成年男性和成年女性，维生素A的日推荐摄入量分别为900 μg/d和700 μg/d。（IOM，2000）。食用一小份菠萝可补充每日所需维生素的一部分（彩图1）。

3. B族维生素

菠萝果实中富含B族维生素，如硫胺素（维生素B_1）、核黄素（维生素B_2）、烟酸（维生素B_3）和吡啶醇（维生素B_6）。一般在人体内作辅酶，参与脂肪、糖类和蛋白质的代谢，对神经系统的结构和功能起到非常重要的作用。

二磷酸硫胺（TDP）是硫胺的活性形式，也是参与糖类分解代谢的几种酶的辅助因子。三磷酸硫胺（TTP）位于神经系统中，在不同的神经过程中起着重要作用。Smooth Cayenne和MD-2品种的硫胺素平均含量分别为每100 g鲜重0.078和0.080 mg（USDA，2014a，b）（表3-2）。成年男性和成年女性硫胺素的日推荐摄入量分别为1.2 mg/d

和 1.1 mg/d（IOM，2000）。

核黄素辅酶在克雷伯氏循环中的氧化过程是必需的，因此核黄素的需求通常与细胞中的能量生产有关。核黄素辅酶还可维持谷胱甘肽在还原状态（GSH），谷胱甘肽是维持细胞氧化还原电位的重要成分。菠萝品种 MD-2 核黄素含量（每 100 g 鲜重 0.033 mg）高于 Smooth Cayenne 等传统品种（每 100 g 鲜重 0.029 mg）（表 3-2）。目前，成年男性核黄素的日推荐摄入量为 1.3 mg/d，成年女性为 1.1 mg/d（IOM，2000）。

烟酸又称为维生素 B_3，烟酰胺是烟酸的酰胺化合物。烟酰胺是烟酰胺腺嘌呤（NAD)、烟酰胺核苷酸辅酶和烟酰胺腺嘌呤二核苷酸磷酸（NADP）的前体，在许多生物氧化还原反应中分别作为电子受体或氢供体。大多数商业菠萝品种，如 Smooth Cayenne（每 100 g 鲜重 0.106 mg）和 MD-2（每 100 g 鲜重 0.507 mg）都含有一定水平的烟酸（USDA，2014a，b）（表 3-2）。日推荐摄入量以毫克烟酸当量（NEs）表示，其中 1 mg烟酸相当于 60 mg 色氨酸。对于 13 岁以上的个体，日推荐摄入量男性 16 mg NEs，女性 14 mg NEs（IOM，2000）。

维生素 B_6的化学名称是盐酸吡哆醇。其他形式的维生素 B_6包括吡哆醛和吡哆沙明。维生素 B_6是最通用的酶辅助因子之一。维生素 B_6以磷酸吡哆醛的形式作为转移酶、转氨酶和脱羧酶的辅助因子，用于氨基酸的转换。一般来说，菠萝品种 MD-2 的维生素 B_6 含量（每 100 g 鲜重 0.114 mg）高于 Smooth Cayenne（每 100 g 鲜重 0.106 mg）（USDA，2014a，b）（表 3-2）。对于 50 岁以上的成年人来说，维生素 B_6的每日推荐摄入量是 1.3 mg/d。50 岁以上的男性和女性分别增加到 1.7 mg/d 和 1.5 mg/d（IOM，2000）。食用一小份菠萝水果可补充每日所需维生素的一部分（彩图 1）。

（二）酚类物质

在菠萝成分中，酚类被认为是对身体健康有益的一类主要生物活性物质。酚酸在植物体内具有广泛的功能，对植物养分吸收、蛋白质合成、酶活性、光合作用、细胞骨架与结构建成、种间感化作用、抗逆性均有影响（胡文冉 等，2014）。酚酸类化合物大多具有确切的药理活性和药用价值。菠萝中的酚类物质在很多研究中被报道，且其种类随着生长条件、成熟度和环境因素的变化而变化。在菠萝皮渣中的含量比在果肉中的含量更高。黄酮类化合物对植物的生长、发育、开花、结果以及抗菌防病等方面起着重要的作用（Doshi et al.，2016）。不同研究表明酚类物质与抗氧化活性存在正相关性。菠萝中含有绿原酸、木犀草素-7-*O*-葡萄糖苷（Luteolin-7-*O*-glucoside)、阿魏酸、原儿茶酸及杨梅素等酚酸化合物，被认为是菠萝中主要生物活性成分（Fu et al.，2011）。此外，张文华从菠萝皮中鉴定出芸香叶苷及槲皮素 3-*O*-新橙皮苷等槲皮素衍生物，并通过初步分离及提纯发现菠萝皮纯化黄酮对小鼠肉瘤细胞 S180 以及人肝癌细胞 SMMC-7721 具有明显的抑制作用（张文华，2012）。

（三）类胡萝卜素

类胡萝卜素是一类普遍存在于高等植物中重要的脂溶性天然活性成分，具有抗氧化、抗病毒、增强人体免疫力和防癌抗癌等多种生理功能（Alam MK et al.，2020），同时也是自然界中分布最广的色素，是植物花、果实及根呈现黄色、橙红色至红色的原因，目前已鉴定出1 000多种。尽管类胡萝卜素在人体中扮演着维生素 A 前体和亲脂性抗氧化剂的重要角色，但人体自身不能合成类胡萝卜素，需从食物中摄取（Oliveira C et al.，2019）。

菠萝中发现的类胡萝卜素化合物，是菠萝果肉的主要呈色物质，具有重要的环氧基结构。在酸性介质中，环氧基容易异构化为呋喃酸，但在碱性环境中则不形成。菠萝果肉中主要的类胡萝卜素是紫黄质（50%）、叶黄素（13%）、β-胡萝卜素（9%）和新黄质（8%），以及较小量的羟基-α-胡萝卜素、隐黄质、叶黄素和金黄质等（Bauernfeind et al.，1981），但不同品种中，含量略有不同。完全成熟的 Smooth Cayenne 和 FLHORAN41 菠萝可食用果肉中的类胡萝卜素总量分别为每 100 g 鲜重 246 μg 和 580 μg。而在菠萝皮中发现类胡萝卜素总量显著增加，分别为每 100 g 鲜重 2 545 μg 和 2 915 μg。与菠萝果肉中类似，菠萝果皮中也普遍含有紫黄质、新黄质、叶黄素和 β-胡萝卜素。此外，研究还发现紫黄质与辛酸、癸酸、月桂酸和肉豆蔻酸形成的酯化物是决定菠萝果肉颜色的色素（Steingass et al.，2020）。

（四）抗氧化膳食纤维

抗氧化膳食纤维是将膳食纤维素和天然抗氧化剂（如多酚类物质）结合在一起的天然产物。有证据表明，膳食纤维素的抗氧化性与酚类化合物和细胞壁多糖结合有关（Goñi et al.，2009；Quirós-Sauceda et al.，2014）。据报道，菠萝果肉、果核、果皮的膳食纤维中包含与抗氧化活性相关的酚类物质（Freitas et al.，2015）。Larrauri 等（1997）研究发现，菠萝皮纤维的抗氧化活性显著高于橘皮纤维（$p < 0.05$）。从菠萝膳食纤维素中鉴定出主要酚类化合物有杨梅素、水杨酸、鞣酸、反式肉桂和 p-香豆酸，这些酚类化合物可能是膳食纤维所表现的高抗氧化活性的原因。然而，在功能性食品的开发中，某些成分会使食品中酚类物质含量和抗氧化活性降低，并影响其效果。

由于抗氧化膳食纤维到达肠道后，经肠道微生物发酵后，可将结合在纤维中的酚类物质释放。在此阶段，由微生物产生的短链脂肪酸（乙酸、丙酸和丁酸）会在肠道中创造一个持续健康的抗氧化环境（Tuohy et al.，2012；Çelik et al.，2015）。这个过程影响人类心血管疾病、癌症、糖尿病、神经衰弱、高血压及血液胰岛素水平的调节（Çelik et al.，2015）。

（五）菠萝蛋白酶

菠萝蛋白酶是一种含有半胱氨酸侧链的天然复合蛋白水解酶（Misran et al.，2019），是菠萝中最有价值生物活性成分之一。菠萝蛋白酶由非蛋白酶和蛋白酶两部分组成。其中，非蛋白酶部分主要包括过氧化物酶、酸性磷酸酯酶、蛋白抑制剂和有机活性钙。蛋白酶部分是一种巯基蛋白酶，半胱氨酸侧链上的游离巯基是蛋白酶的活性中心，由甘露糖、岩藻糖、木糖和 N—乙酰葡糖胺组成的寡糖分子共价连接在肽链上，形成糖蛋白。菠萝蛋白酶根据植株部位来源分为茎菠萝蛋白酶和果菠萝蛋白酶（图 3-1）。

菠萝蛋白酶可以选择性水解纤维蛋白，能够将大分子蛋白质水解为易吸收的小分子氨

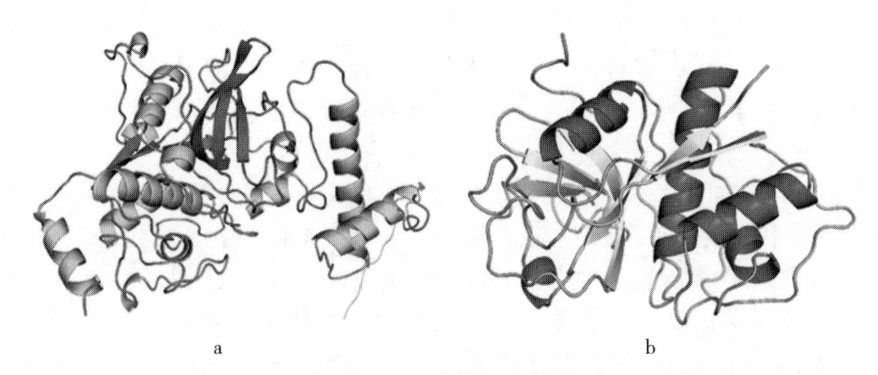

图 3-1　菠萝蛋白酶模拟图

a. 果菠萝蛋白酶　b. 茎菠萝蛋白酶

基酸和蛋白质，在食品工业中被广泛用于肉制品的嫩化。菠萝蛋白酶本身具有抗炎、抗凝血和抗癌的特性，被广泛用于医药、保健品领域，如牙周炎和手术后创伤的治疗（Sukaina et al.，2021）。菠萝蛋白酶还是嫩肤美白的优质原料，能够促使人体皮肤上的老化角质层退化、分解、去除，促进皮肤新陈代谢。

作为鲜食水果，过量食用可能会刺激口腔内黏膜以及舌头上的味觉细胞，诱发疼痛、红肿等症状。而且菠萝中还含有大量的有机酸，如果没有用盐水浸泡直接食用，可能会引起过敏，造成口舌麻木、全身发痒等现象，过量摄入菠萝蛋白酶还会导致皮肤皮疹、呕吐、腹泻和大量的月经出血。菠萝蛋白酶也会与一些药物发生相互作用，服用抗生素、抗凝血剂、血液稀释剂、抗惊厥药、巴比妥类药物、苯二氮䓬类药物、失眠药和三环抗抑郁药的人不适合吃太多菠萝（Amini et al.，2014）。

五、小结

新鲜菠萝含有人体必需矿物质（K、Cu、Mn、Mg、Zn）、维生素（主要是维生素 C 和 B 族维生素）和膳食纤维。菠萝中含有糖类，由于其热量低（每 100 g 鲜重 209.3kJ），适宜减肥人群食用。目前消费者越来越关注饮食与健康之间的关系以及食品的生产、加工和贮存条件。菠萝主要以果汁或罐装产品的形式消费，这些产品是通过传统的加工技术获得的，造成了重要的营养损失。研究表明，利用新技术如超高压、脉冲电场、高强度脉冲光、可食用涂料、辐照、超强光和天然抗菌剂等可以生产出更安全的菠萝产品，且营养品质损失少。如今，从菠萝工业的副产品和废弃物中回收有价值的功能成分也是一个非常重要的研究方向。

参考文献

岑怡，程俊，丁元昊，等，2021. 菠萝蜜不同颜色果肉中类黄酮物质分析 [J]. 热带作物学报，21：1-7.

胡文冉，谢丽霞，刘娜，等，2014. 细胞壁内酚酸类化合物的研究进展 [J]. 安徽农业科学，34：12020-12022.

魏长宾，李苗苗，马智玲，等，2019. 金菠萝品种果实香气成分和特征香气研究 [J]. 基因组学与应用生物学，38 (4)：1702－1711.

Alam MK，Sams S，Rana ZH，et al.，2020. Minerals，vitamin C，and effect of thermal processing on carotenoids composition in nine varieties orange－fleshed sweet potato（*Ipomoea batatas* L.）[J]. *Journal of Food Composition and Analysis*，92：103582.

Amini A，Masoumi－Moghaddam S，Ehteda A，et al.，2014. Bromelain and N－acetylcysteine inhibit proliferation and survival of gastrointestinal cancer cells in vitro：significance of combination therapy [J]. *Journal of Experimental and Clinical Cancer Research*，33：92.

Ancos BD，Sánchez－Moreno C，González－Aguilar GA，2017. Pineapple composition and nutrition [M]. New York：John Wiley & Sons，Inc.

Bartolomé AP，Rupérez P，Fúster C，1995. Pineapple fruit：morphological characteristics，chemical composition and sensory analysis of Red Spanish and Smooth Cayenne cultivars [J]. *Food Chemistry*，53 (1)，75－79.

Bauernfeind JC. Adams CR，Marusich WL，1981. 6－Carotenes and other vitamin A precursors in animal feed [M]. *Food Science and Technology*，*Academic Press*：563－743.

Çelik EE，Gökmen V，Skibsted LH，2015. Synergism between soluble and dietary fiber bound antioxidants [J]. *Journal of Agricultural and Food Chemistry*，63 (8)：2338－2343.

Chakraborty S，Rao PS，Mishra HN，2015. Effect of combined quality attributes of pineapple (*Annanas comosus* L.) puree [J]. *Innovative Food Science and Emerging Technologies*，28：10－21.

Doshi GM，Nalawade VV，Mukadam AS，et al.，2016. Elucidation of flavonoids from *Carissa congesta*，*Polyalthia longifolia*，and *Benincasa hispida* plant extracts by hyphenated technique of liquid chromatography－mass spectroscopy [J]. *Pharmacognosy Research*，8 (4)：281－286.

Freitas A，Moldão－Martins M，Costa HS，et al.，2015. Effect of UV－C radiation on bioactive compounds of pineapple (*Ananas comosus* L. Merr.) by－products [J]. *Journal of the Science of Food and Agriculture*，95 (1)：44－52.

Fu L，Xu BT，Xu XR，et al.，2011. Antioxidant capacities and total phenolic contents of 62 fruits [J]. *Food Chemistry*，129 (2)：345－350.

Gil MI，Aguayo E，Kader A，2006. Quality changes and nutrient retention in fresh－cut versus whole fruits during storage [J]. *Journal of Agricultural and Food Chemistry*，54：4284－4296.

Goñi I，Díaz－Rubio ME，Pérez－Jiménez J，et al.，2009. Towards an updated methodology for measurement of dietary fiber，including associated polyphenols，in food and beverages [J]. *Food Research International*，42 (7)：840－846.

Gorinstein S，Zemser M，Haruenkit R，et al.，1999. Comparative content of total polyphenols and dietary fiber in tropical fruits and persimmon [J]. *Journal of Nutritional Biochemistr*，10 (6)：367－371.

Hounhouigan MH，Linnemann AR，Soumanou MM，et al.，2014. Effect of processing on the quality of pineapple juice [J]. *Food Reviews International*，30：112－133.

Johnson EJ，2002. The role of carotenoids in human health [J]. *Nutrition in Clinical Care*，5 (2)：56－65.

Kaewtathip T，Charoenrein S，2012. Changes in volatile aroma compounds of pineapple (*Ananas comosus*) during freezing and thawing [J]. *International Journal of Food Science and Technology*，47：985－990.

Larrauri JA，Rupérez P，Calixto FS，1997. Pineapple shell as a source of dietary fiber with associated polyphenols [J]. *Journal of Agricultural and Food Chemistry*，45 (10)：4028－4031.

Li YH，Wu YJ，Wu B，et al.，2011. Exogenous gibberellic acid increases the fruit weight of 'Comte de

Paris' pineapple by enlarging flesh cells without negative effects on fruit quality [J]. *Acta Physiology Plant*, 33: 1715 - 1722.

Lu XH, Sun DQ, Wu QS, et al., 2014. Physico - chemical properties, antioxidant activity and mineral contents of pineapple genotypes grown in China [J]. *Molecules*, 19 (6): 8518 - 8532.

Misran E, Idris A, Sarip S, et al., 2019. Properties of bromelain extract from different parts of the pineapple variety Morris [J]. *Biocatalysis and Agricultural Biotechnology*, 18: 101095.

Oliveira C, Brychkova G, Esteves - Ferreira AA, et al., 2019. Thermal disruption of the food matrix of biofortified lettuce varieties modifies absorption of carotenoids by Caco - 2 cells [J]. *Food Chemistry*, 308: 125443.

Quirós - Sauceda AE, Ayala - Zavala JF, Sáyago - Ayerdi SG, et al., 2014. Added dietary fiber reduces the antioxidant capacity of phenolic compounds extracted from tropical fruit [J]. *Journal of Applied Botany and Food Quality*, 87: 227 - 233.

Radha T, Mathew L, 2007. Fruit crops [M]. New Delhi: New India Publishing Agency.

Ramli A, Manas N, Hamid A, et al., 2018. Comparative structural analysis of fruit and stem bromelain from *Ananas comosus* [J]. *Food Chemistry*, 266 (15): 183 - 191.

Ramsaroop RES, Saulo AA, 2007. Comparative consumer and physicochemical analysis of Del Monte Hawii Gold and Smooth Cayenne pineapple cultivars [J]. *Journal of Food Quality*, 30: 135 - 159.

Sánchez - Moreno C, Pascual - Teresa SD, Ancos BD, et al., 2012. Nutritional Quality of Fruits [M]. New York: John Wiley & Sons, Inc.

Saura - Calixto, Fulgencio, 2011. Dietary fiber as a carrier of dietary antioxidants: an essential physiolog - ical function [J]. *Journal of Agricultural and Food Chemistry*, 59 (1): 43 - 49.

Steingass CB, Vollmer K, Lux PE, et al., 2020. HPLC - DAD - APCI - MSn analysis of the genuine carotenoid pattern of pineapple [*Ananas comosus* (L.) Merr.] infructescence [J]. *Food Research International*, 127: 108709.

Sukaina A, Tejashree S, Amruta K, 2021. Applications of bromelain from pineapple waste towards acne [J]. *Saudi Journal of Biological Sciences*, 28 (1): 1001 - 1009.

Sun G, Zhang X, Soler A, et al., 2016. Chapter 25 - nutritional composition of pineapple [*Ananas comosus* (L.) Merr.] [M]. Monique SJ. *Nutritional Composition of Fruit Cultivars*, *Academic Press*: 09 - 637.

Tuohy KM, Conterno L, Gasperotti M, et al., 2012. Up - regulating the human intestinal microbiome using whole plant foods, polyphenols, and/or fiber [J]. *Journal of Agricultural and Food Chemistry*, 60 (36): 8776 - 8782.

Wen L, Wrolstad R, 2002. Phenolic composition of authentic pineapple juice [J]. *Journal of Food Science*, 67 (1): 155 - 161.

第四章 菠萝采收、分级与保鲜

一、简介

我国菠萝的产区主要集中在南方地区，并且市场上主要以鲜果销售为主，但其采后成熟进程较快，成熟后易腐烂，不耐贮藏。目前菠萝采后管理意识薄弱和技术落后是造成菠萝采后巨大损失的主要原因，严重制约我国菠萝产业的健康发展，因此，应重视菠萝采后保鲜技术的研究，以提高果实贮藏品质。本章对菠萝采后生理和采后商品化处理等方面进行总结，以期为提高菠萝果实贮藏品质，减轻采后损失提供参考。

二、采后生理

菠萝属于非呼吸跃变型果实，在采后的整个后熟过程中没有产生呼吸或乙烯高峰，但仍然进行着呼吸代谢，是一个逐渐成熟的过程，涉及色泽、香气、风味以及质地等品质形成的一系列生理生化变化。

1. 色泽变化

色泽变化是菠萝果实成熟过程中最显著的特征，是判断果实是否成熟的主要依据之一，是感官评价菠萝果实质量的重要指标之一，也是决定消费者对菠萝果实接受程度最重要的因素之一。果实外观上呈现的色泽主要与所含色素物质的种类、含量以及各色素含量之间的比例有关，而色泽变化本质上是不同色素在果实成熟过程中呈色主导作用的转换，与其在此过程中的代谢作用密切相关。果实的主要色素物质分为脂溶性色素（叶绿素和类胡萝卜素）以及水溶性色素（花青素）。叶绿素又分为叶绿素 a 和叶绿素 b，叶绿素 a 呈蓝绿色，而叶绿素 b 呈黄绿色，在未成熟的菠萝果实中，叶绿素含量较高使果实呈现绿色。类胡萝卜素根据分子组成分为叶黄素类和胡萝卜素类。叶黄素类主要有叶黄质、β-隐黄质、玉米黄质、紫黄质等；胡萝卜素类主要有 α-胡萝卜素、β-胡萝卜素、番茄红素等。花青素常与糖类物质如戊糖、已糖等结合形成花色素苷，稳定存在于果实细胞的液泡中，与类胡萝卜素、单宁和黄酮色素等酚类物质相互作用使果实呈现不同的颜色（袁梓洢等，2016）。研究表明，果实色泽主要是叶绿素、类胡萝卜素、花青素和类黄酮的综合表现。叶绿素在果实转色前合成并积累较高的含量，随着果实成熟进程，在转色之后叶绿素受到水解酶的分解，其总量迅速降低。在果实发育早期，类胡萝卜素、花青素和类黄酮已经开始合成，随着果实发育至成熟，含量逐渐增加并在成熟期间保持较高水平。当叶绿素在成熟期间被分解后，类胡萝卜素、花青素和类黄酮对果肉的呈色起了主导作用。在不同发育阶段的巴厘和无刺卡因两个品种菠萝果实果肉的色素研究中，同样发现叶绿素含量在果实转色期急剧下降，类胡萝卜素、花青素和类黄酮的含量从果实膨大期到完熟期都逐渐增加（杨祥燕 等，2009）。用 HPLC 技术分析了巴厘和无刺卡因菠萝果实不同成熟阶段果肉类胡萝卜素组分的变化，认为β-胡萝卜素是影响类胡萝卜素积累总量的主要因素之一（杨祥燕 等，2010）。对 MD－2 品种菠萝果实的色素组成成分的研究表明，果皮中的主要色素包括叶绿素、叶黄素和β-胡萝卜素，果肉中除了β-胡萝卜素，还发现了紫黄质与辛酸、癸酸、月桂酸和肉豆蔻酸形成的酯化物，对果肉成熟阶段呈色起到作用（Steingass et al.，2020）。

2. 香气的变化

香气是由大量挥发性物质组成的复杂混合物，能客观地反映果实的风味特点和成熟度，是衡量果实品质的重要指标之一，能刺激感官并引起食欲，提高果实的竞争力。据报道，菠萝果实的香气成分有 280 种以上（Preston et al.，2003），主要成分为酯类、烯烃类、酮类、醇类、萜烯类及醛类，其中酯类丰度最高，但只有含量超过其味感阈值的少数物质对菠萝果实的风味起重要作用（Tokitomo et al.，2005），如己酸乙酯和己酸甲酯为菠萝的特征香气物质（Montero－Calderon et al.，2010）。菠萝鲜果中酯类化合物辛酸甲酯、己酸乙酯、辛酸乙酯在果实绿熟期已经存在，随着果实的成熟含量逐渐升高，在黄熟期达到峰值，而在果实发育早期已经合成的一些醇类和烃类物质，在果实成熟过程中逐渐减少，甚至消失（杨文秀 等，2011；张秀梅 等，2009）。对菠萝果实不同成熟度的香气成分的研究表明，八成熟的果实检测到 13 种香气成分，而九成熟的果实能检测到 27 种香气成分（刘传和 等，2009）。菠萝果实的香气和气味活性挥发物的种类和含量随着果实成熟度的增加而增加（Steingass et al.，2015）。不同品种的菠萝果实的香气成分也不尽相同（刘胜辉 等，2015），如台农 4 号、台农 6 号、台农 11 号和台农 19 号中分别检测到 11、28、29 和 39 种香气成分（Zheng et al.，2012；刘胜辉 等，2008）。无刺卡因品种中检测到 40 多种香气成分，而巴厘检测出 46 种香气成分，其中巴厘的香气成分较为复杂，品质最佳，香气最为浓郁（张秀梅 等，2009）。同一品种的菠萝果实在不同季节所含的香气物质的种类及含量也有所差异。以神湾菠萝品种为例，夏季菠萝果肉中检测出 5 类共 21 种香气成分，在秋季果肉中仅检测出 2 类共 8 种香气成分（刘传和 等，2009）。台农 6 号菠萝在 10 ℃贮藏环境下的香气成分含量和种类随贮藏时间的延长而逐渐减少，表明贮藏温度可能影响了果实香气成分的合成（刘玉革 等，2012）。菠萝果实中不同部位（如果肉、果芯中柱和果皮）的香气成分不同，菠萝果肉中的香气物质的种类和含量都比果芯中柱和果皮的高（Wei et al.，2011）。果实中不同部分的香气主要组成成分和特征香气不同，果肉和果芯中柱部位以酯类为主。不同品种间的特征香气的种类和相对含量也存在很大差异，巴厘的特征香气成分主要是癸酸乙酯、己酸乙酯和 2－甲基丁酸乙酯，无刺卡因的主要是己酸乙酯、辛酸乙酯和乙酸异戊酯；而台农 11 号主要是己酸乙酯、辛酸乙酯和 2－甲基丁酸乙酯（张秀梅 等，2009），说明菠萝果实香气成分受品种、栽培条件、外界生长环境等多种因素影响。

3. 风味的变化

风味，这里指的是通过味觉器官做出的反应，如甜、酸、苦、涩等。果实的风味主要取决于糖和酸的种类及含量比例，而糖分与酸分的比例也称糖酸比，通常作为评价果实品质和成熟度的重要参数之一。在菠萝果实成熟过程中，果实甜度增加，而酸度减小，果实中的甜味主要是因为含有可溶性糖，而酸味来源于有机酸。

菠萝果实中可溶性糖主要是果糖、葡萄糖和蔗糖，葡萄糖和果糖又可统称为己糖。其中以果糖的甜度最高，蔗糖次之，葡萄糖最低。菠萝果实中的糖分随着果实发育不断积累，而在果实后熟阶段含量下降。菠萝果实中可溶性糖含量在果实发育早期至果实成熟的发育过程中不断积累，发育前期以果糖和葡萄糖的积累为主，发育后期蔗糖的含量迅速上升，总糖占比为54.60%，成为主要的可溶性糖（Soloman George et al.，2016；林文秋等，2018）。而在菠萝果实采后自然成熟过程中，即从绿熟、黄熟、完熟到过熟，蔗糖的含量在果实完熟期达到峰值，而后逐渐下降。菠萝果肉半透明程度超过50%～60%时，糖含量逐渐降低（Liu et al.，2014）。蔗糖代谢相关酶的转化酶、蔗糖合酶（SS）和蔗糖磷酸合成酶（SPS）在菠萝果实蔗糖代谢中起着分解或合成蔗糖的作用。不同季节、品种和部位的菠萝果实糖分积累的规律不同。不同季节的无刺卡因菠萝果实发育过程中糖积累的种类及含量有差异。7月采收的果实以积累已糖为主，主要是果实发育后期分解蔗糖的转化酶活性升高，蔗糖被分解。2月采收的果实在发育后期转化酶活性急剧下降，而SS和SPS的活性增加，促进蔗糖的积累（Zhang et al.，2011）。对分属无刺卡因类、皇后类和杂交品种3个类群的40份菠萝种质果实的糖组分和含量的研究表明，含量最高的是蔗糖，均值是66.15 mg/g，总糖占比为60.7%；其次是葡萄糖，含量均值和占比分别是22.56 mg/g和20.7%；果糖的含量最低，占比是18.6%。不同种质之间，蔗糖的含量相对稳定；果糖和葡萄糖含量变化幅度较大，其中有35份种质属于蔗糖积累型，5份属于单糖（果糖+葡萄糖）积累型（陆新华 等，2013）。菠萝果实不同部位的糖分分布不同，果实成熟时，含糖量从高到低依次为基部、中部、顶部和果芯，从内到外为果肉、果芯、果皮（Nadzirah et al.，2013；Zhang et al.，2012）。较高的贮藏温度会导致菠萝果实糖分含量的下降，在25 ℃贮藏的菠萝果实的糖分含量低于10 ℃贮藏的果实（Hong et al.，2013）。

菠萝果实中的有机酸主要由柠檬酸、苹果酸和奎宁酸组成，以柠檬酸为主，其次为苹果酸，且果实中柠檬酸和总酸的含量在果实发育期间呈先上升再下降的趋势。在果实发育早期，可滴定酸度保持在0.1%～0.3%。苹果酸含量在整个果实发育过程中保持在较低水平，而柠檬酸的含量在绿熟期升高到峰值，而后随着果实透明度的增加而下降（Saradhuldhat and Paull，2007）。与果实有机酸合成、降解密切相关的主要酶有柠檬酸合成酶（CS）、乌头酸酶（ACO）、磷酸烯醇式丙酮酸羧化酶（PEPC）、苹果酸脱氢酶（MDH）、苹果酸酶（ME）。在果实从幼果期到绿熟期的发育过程中，CS和PEPC活性增加，促进果实中柠檬酸的积累合成（张秀梅 等，2007）。不同品种菠萝果实的有机酸的含量与种类只是略有不同。柠檬酸可以作为菠萝果实酸度风味评价的参数之一。菠萝果实中不同部分有机酸含量的分布与可溶性糖的分布相反。垂直方向下有机酸分布以果实基部的含量最低，向果实顶部逐渐递增；果实水平分布以果芯部分含量最高，果皮次之，果肉含量最低。较高的贮藏温度同样会造成菠萝果实有机酸含量的下降（Hong et al.，2013）。

4. 质地的变化

果实成熟的一个重要特征就是果实质地软化，因此硬度也是评价果实品质的重要指标之一。果实成熟过程中，细胞壁成分和结构发生改变，使细胞壁间的连接松弛，组织结构松散，果实质地从较坚硬状态转变为松软状态。细胞壁主要由纤维素、半纤维素、果胶和蛋白质组成。细胞壁水解酶促进细胞壁多糖组分果胶和半纤维素的降解，从而引起细胞壁分离和组织结构松散，最终导致果实质地软化。随着果实成熟，不溶于水的原果胶被逐步分解成溶于水的果胶酸，在果胶甲基酯酶（PME）作用下脱去甲氧基，后被多聚半乳糖醛酸酶（PG）识别并催化降解。木葡聚糖内糖基转移酶（XTH）和 β-半乳糖苷酶（β-Gal）在果实软化过程中起重要作用。菠萝果实采后成熟过程中的细胞壁结构变化的主要表现为细胞壁解体、细胞质丧失和细胞器破坏。有研究表明，八成熟果实贮藏前的细胞壁结构致密，中胶层密度较高，细胞结构完整且细胞器清晰可见，随着贮藏时间的延长，细胞壁中胶层被逐渐水解，细胞壁解体呈松散状态，膜系统破坏，细胞质减少，胞内细胞器结构被破坏，细胞空泡化，到贮藏后期果实只剩下松散的细胞壁支架（屈红霞 等，2001）。因此，采后菠萝果实在贮藏过程中，其果肉硬度逐渐下降，而相关研究发现 PME、PG 和 β-Gal 等果胶酶活性与菠萝果肉硬度变化表现出显著的负相关。以菠萝果实全绿期为贮藏材料的研究中发现，绿熟期时，果实硬度迅速下降，而 PME、PG 和 β-Gal活性升高，且 PME 活性比 PG 高，为 PG 提供去甲氧基的聚半乳糖醛酸，随后 PG 的活性在黄熟期达到峰值，果实的质地继续软化，硬度值更低（叶玉平 等，2014）。菠萝果实在低温贮藏有效抑制了 PME、PG 和 β-Gal 的活性，从而延缓了菠萝果肉硬度的下降（屈红霞 等，2000）。

5. 呼吸与乙烯

果实采收后仍然是具有生命活动的有机体，进行着一系列的代谢活动。呼吸作用是采收后果实的一个基本的生理过程，分解有机物提供能量来维持正常的生命活动。如果呼吸作用较强，会使果实中贮藏的有机物被过度消耗，果实品质下降，抗病性下降，严重影响其贮藏寿命。呼吸强度是反映果实新陈代谢快慢的一个重要指标，也是预测果实贮藏潜力的重要指标之一。而菠萝果实是一种非呼吸跃变型果实，成熟过程中呼吸变化不明显，乙烯释放高峰同样不明显。菠萝果实在室温下具有 32.52～75 mg/(kg · h) 的中等呼吸速率（Techavuthiporn et al.，2017），果实成熟过程中，菠萝果实的呼吸速率逐渐上升，达到完熟期后呼吸速率趋于平稳，然而在整个贮藏期间菠萝果实并没有出现呼吸跃变（叶玉平 等，2014）。采后菠萝果实在常温贮藏过程中的乙烯产率也很低，在 0.3～0.56 μL/(kg · h) 之间。随着果实成熟，乙烯的释放量逐渐增加。1-甲基环丙烯（1-MCP）处理和低温处理的菠萝果实能有效延缓和抑制菠萝果实采后乙烯的释放（张鲁斌 等，2016；张鲁斌 等，2013）。在菠萝果实成熟过程中，1-氨基环丙烷-1-羧酸（ACC）合成酶的表达提高了约 16 倍，而 ACC 氧化酶的表达没有增加，表明乙烯在菠萝成熟过程中也发挥着重要作用。

三、采后商品化处理

（一）采收

菠萝果实的耐贮性与采收时成熟度有直接关系，成熟度越高，耐贮性越差。因此菠萝果实应根据其所需的贮藏期及运输方式来掌握适宜的成熟度进行采收。实际生产中，果农根据果眼的饱满度和果皮颜色由绿转黄的程度来判断菠萝果实的成熟度，由此可细分为四个时期：绿熟期、黄熟期、完熟期和过熟期（屈红霞 等，2000）。

（1）绿熟期。果眼饱满，果实基部的果皮由青绿色开始转变为黄绿色，转黄面积小于1/4全果，白粉脱落呈现光泽，小果间隙的裂缝呈现浅黄色，果实1/3横切处的果肉颜色由白色转为黄色，可溶性固形物含量达到12%，此时成熟度为七八成熟，适于贮藏和远途运输。

（2）黄熟期。果皮转黄面积在1/4全果至3/4全果之间，果肉为橙黄色，果汁多，糖分高，香味浓，风味佳，此时成熟度达到九成熟，为鲜食最佳期，适于鲜销和短途运输。

（3）完熟期。果皮转黄面积在3/4全果至4/4全果之间，此时果实已完全成熟，不适于贮藏和运输。

（4）过熟期。果皮全部转黄且果肉开始变色和脱水，糖分下降，香味变淡，此时果实失去鲜食价值。

有时不能完全根据果皮的转黄情况精确地确定菠萝的成熟度，还需要结合菠萝果实1/3横切处果肉的转黄和半透明情况来综合评定。成熟度也可以综合考虑开花后或开花中期的时间，但天数可能因地而异，从开花诱导到成熟的时间从140～221 d不等。

在收获之前的2～7 d，种植者可以使用乙烯利来加速果实转黄和促进均匀着色，具体使用可查看产品标签上的信息。处理后，果实比未经处理的果实转黄更均匀，具有更好的外观品质，但同时也会缩短果实的货架期。在收获前4周喷洒5%的K_2SO_4和100 mg/L的乙烯利，可增加可溶性固形物、钾含量和风味，并且可提前1周收获（Nanayakkara et al.，2005）。

采收时间以晴天的早晨露水干后为宜，雨天不适合采收，以免在运输或贮藏过程中雨水渗入，容易造成果实腐烂。目前我国菠萝的采摘方式还是以人工采摘为主，半自动式、全自动式菠萝采摘专用农业机械为辅，均需要采收人员根据果实大小和转黄情况，用利刀切割茎秆，并保留2 cm长的果柄，根据收购要求保留或除去冠芽（胡君易，2021）。采收过程要做到轻拿轻放，避免机械损伤。采下的果实要严防日晒，暂时放置在阴凉通风处。

（二）商品化处理

由于果实在生长发育过程中受外界多种因素的影响，同一植株的果实也不可能完全一样，而从果园不同植株之间收集起来的果品，必然大小不一，品质良莠不齐。因此，果实采收以后，应该立即进行分级。通过挑选分级，剔除有病虫害和机械损伤的果实，减少病虫害的传播，从而减少贮藏过程中的损失。此外，剔出的残次品可进行加工处理，以降低成本和减少浪费。通过分级可以区分产品的质量，为其价值提供参数，使产品商品化，可激发消费者的吸引力，同时增加生产者的利润。果实质量分级有助于生产者、经营者和管理者在产品上市前的准备工作和标价，满足不同消费市场的需求，做到精准营销，也为消费者在购买时提供方便。因此，分级是菠萝果实商品化处理中一个不可少的重要环节，应引起高度重视。

评定产品质量的技术准则和客观依据就是分级标准，我国为菠萝果实的质量评定制定了行业标准，采用双项指标综合表示菠萝果实的优劣等级。根据果实的果形、果面瑕疵情况、品质和顶芽形状等质量指标，将菠萝鲜果分为三个等级：优级、一级、二级（表 4－1）。然后再根据果实的重量或横径进一步进行大小分级，重量法可细分为 ABCDE 五个等级，而横径法分为Ⅰ～Ⅳ四个等级（表 4－2）。

表 4－1　鲜菠萝等级质量指标

<table>
<tr><th colspan="2">项目</th><th>优级</th><th>一级</th><th>二级</th></tr>
<tr><td colspan="2">果形</td><td colspan="2">果实端正，无影响外观的果瘤或瘤芽</td><td>果实较端正</td></tr>
<tr><td colspan="2" rowspan="2">果面</td><td colspan="3">具有同一类品种的特征，果眼发育良好。无裂口，果面洁净，无伤害</td></tr>
<tr><td>允许有不影响外观和贮藏质量的其他缺陷，但总面积不得超过果面总面积的 2%</td><td>在不影响外观和贮藏质量的前提下，允许有轻微伤害，但总面积不能超过果面总面积的 4%，允许有少量不明显的非病菌或毒害性的污染物，但总面积不得超过果面总面积的 5%</td><td>在不影响外观和贮藏质量的前提下，允许有轻度伤害，但总面积不能超过果面总面积的 6%，允许有少量不明显的非病菌或毒害性的污染物，但总面积不得超过果面总面积的 10%</td></tr>
<tr><td rowspan="2">顶芽</td><td>有</td><td>单个，直形，长度为 10 cm 至果长的 1.5 倍</td><td>单个，允许轻微弯曲，长度为 10 cm，至果长的 1.5 倍</td><td>单个，允许轻微弯曲和个别双芽</td></tr>
<tr><td>无</td><td colspan="3">摘冠芽留下的伤口应该愈合良好（可以带有簇叶）。如是加工用果，冠芽可用刀具削去，但不能伤及果皮</td></tr>
<tr><td colspan="2">果肉</td><td colspan="3">具有该品种成熟时所固有的色泽和风味，无黑心</td></tr>
<tr><td colspan="2">果柄</td><td colspan="3">切口平整光滑，干燥发白，长 2～2.5 cm，无苞片</td></tr>
<tr><td colspan="2">一致性</td><td colspan="3">每箱产品（或一批散果）应来自相同产地，品种、品质和规格也要相同。优级果的颜色和成熟度应该一致</td></tr>
<tr><td colspan="2">可食率（%）</td><td>≥62</td><td>≥58</td><td>≥55</td></tr>
<tr><td colspan="2">可溶性固形物（%）</td><td>≥12</td><td colspan="2">≥11</td></tr>
<tr><td colspan="2">可滴定酸度（%）</td><td colspan="3">0.6～1.1</td></tr>
<tr><td colspan="2">可溶性糖（%）</td><td colspan="3">≥9</td></tr>
</table>

表 4－2　菠萝果实大小分级

重量法		横径法	
规格	质量（g）	规格	横径（cm）
A	500～1 000	Ⅰ	<10
B	1 001～1 200	Ⅱ	10～11
C	1 201～1 500	Ⅲ	11～12
D	1 501～1 800	Ⅳ	>12
E	>1 800		

分级方法主要有人工分级和机械分级两种。目前人工分级方法有两种方式：一种是只

凭借人的视觉来判断，根据果实的颜色、大小将果实分为不同的等级；另一种是利用选果板进行分级，选果板上有一系列直径不同的孔，按不同横径将果实大小较为精确地分级。人工分级虽然能最大限度地减少果实机械损伤，但工作效率低下且级别标准划分不够严格。机械分级通过设备自动判别果实的外观品质（直径大小、颜色、重量、瑕疵等）和内在品质（糖酸度、病变情况等）来进行精准分级。机械分级大大提高了工作效率和级别标准化，但是设备的成本相对也较高。

菠萝果实采收后要及时按照行业标准的分级依据进行修整和品质分级。去除菠萝果柄上的苞叶，并修整其长度在 2 cm 左右，根据销售要求决定是否保留顶芽，去除顶芽时要避免伤及果皮。消费者通常通过果实的颜色和香味来判断水果的质量。菠萝果实的甜度、酸度、风味强度和异味同样是评定果实质量的最重要指标。采收后的菠萝果实要及时剔除有机械损伤、病虫害以及瑕疵严重的果实，后根据果实的品质指标和大小精准分级。分级应该在阴凉通风处或低温环境中进行，且轻拿轻放，避免产生机械损伤。

虽然现行的分级标准对菠萝行业的发展依然具有重要的指导作用，但是我国现行的分级标准还是存在着较大缺陷及急需改进的地方，如国家现行的鲜菠萝分级标准未能随菠萝行业的发展而做适时的修订，依然沿用 20 世纪末制定的行业标准。随着菠萝行业的发展，菠萝品种迭代更新及菠萝加工的多样化需求，如不及时对现行的分级标准进行适时修订，将难以发挥作用。现行的分级标准中，关注点更多聚焦于果实外观品质上的评测，而对内在质量的检测由于检测费用过高而难以大面积执行，从而阻碍了对果品进行更加细化的分级。因此，我国应大力发展新型的分级硬件设备，或生产出更加适用于大部分菠萝经营者的分级设备。此外，对于分级标准的执行及监管还缺少一定的力度，从而导致市面上流通的菠萝的品质与分级结果不一致，从而引起消费者对现行分级标准可行性的质疑，不利于菠萝分级系统的标准化。因此，我国农业相关部门应该加强对菠萝果实生产者、经营者和管理者在菠萝果实采后分级的推广和宣传。

（三）常见采后病害及处理

菠萝采后病害的发生严重影响果实品质，造成采后巨大损失，是影响菠萝贮运和商业流通的最大因素。我国采后菠萝的主要病害有黑心病、黑腐病和小果芯腐病。

菠萝黑心病是采后菠萝最主要的生理性病害。发病时菠萝外部无任何症状，而果芯周围果肉褐变，通常是果实基部果芯的两侧先出现半透明的水渍状或浅褐色的小斑点，随着发病程度的加深，褐色斑点分布范围扩大，最终整个果髓甚至果肉都变为黑褐色。果肉褐变是果肉中的酚类物质在多酚氧化酶（PPO）和过氧化物酶（POD）等酶的作用下形成醌类物质，聚合成褐色物质而使组织变成黑色的生理过程（宋康华 等，2019）。低温和赤霉素诱导是菠萝果实发生黑心病的主要因素，菠萝果实贮藏温度低于 7 ℃时就容易使果肉褐变，采后用赤霉素（GA_3）处理的果实会出现黑心病，而未处理的夏收菠萝果实贮藏期间没有出现黑心病。低温胁迫后使细胞膜透性变大，使相应的酶类易与底物相互接触而发生褐变反应，GA_3处理诱导采后菠萝果实 PPO 活性升高，导致果实褐变。果实采收后可及时处理，来控制黑心病的发生。适量的生长调节剂可以抑制菠萝黑心病的出现，5.0 mmol/L 水杨酸（SA）处理 2 h 和 0.01 mmol/L 茉莉酸甲酯（MeJA）处理 3 h 后，可减轻果实在冷藏期间的褐变症状（Sangprayoon et al.，2019）；500 mg/L 萘乙酸（NAA）水剂浸果2 min、200 mg/L 脱落酸（ABA）处理均有效防止菠萝黑心病的发生（张琴，2016）。采后贮前 45 ℃热空气处理菠萝 6 h（胡会刚 等，2015）、1%的 $CaCl_2$ 和 2% CaGlu 浸渍菠萝果柄 48 h（Youryon et al.，2018；谷会 等，2020）、60 g/L 的蜡处理（Hu et al.，2012）以及 4.5 nmol/L 的 1-MCP 处理（Selvarajah et al.，2001）可以减少和延迟黑心病的发生。

菠萝黑腐病是一种侵染性病害。黑腐病病原菌主要从果实的伤口入侵而导致发病，如切割果实冠芽、收获期切割果柄以及贮运过程中果皮受损等。病菌侵入 48 h 后即可出现症状，发病初期，病菌侵染部位产生暗淡或微褐色的水渍病斑，严重时，颜色变为灰褐色至黑褐色并流水。对于黑腐病的预防关键在于减少果实伤口的形成，因此在采收和贮藏过程中，要尽可能避免机械损伤，并及时剔除受伤果。低温可抑制病菌发展，贮藏运输过程中控制温度，使病菌不易生长，可减少发病。54 ℃热水处理菠萝 3 min 后也能显著抑制菠萝果实黑腐病的发生（Wilson Wijeratnam et al.，2005）。其次在收获后用 1 000 mg/L 特克多浸果实 5 min，0.4%的三唑二甲酮浸果 1 min，或用噻菌灵 1 000 mg/L 浸果 5 min，抑制黑腐病效果也较好。1%的防霉胺涂抹于果柄切口，果柄基部切面浸渍在 10%苯甲酸的酒精溶液或 1 000 mg/L 抑霉唑溶液中，也可防治黑腐病（胡会刚 等，2012）。

菠萝小果芯腐病也属于侵染性病害。菠萝幼果发育的花前及花期阶段，病菌由外界传播媒介带入植株内部（小花蜜腺、导管和花腔等）休眠潜伏，在果实进入成熟阶段时大量繁殖，导致果实发病。菠萝小果芯腐病是从小果开始发病，然后扩张到整个果实，使果实失去正常绿色，小果成熟时变褐，果实内部也有褐变发生，病部果皮变坚硬，也可导致果实畸形，一般是采前果实已染病，导致菠萝鲜果在收获后损失重大。菠萝的小果芯腐病的发生与高温高湿的环境条件和昆虫的传播关系密切，因此，为了防止该病害的发生，种植地需要挑选在阳光充足且通风良好的开阔土地，除一般的农业防治措施外，菠萝的小果开始分化时，可用 705 g/hm^2 苯来特或敌菌丹喷雾果实，20 d 喷 1 次，直至收获；收获后 1～5 d 用 0.6%多菌灵或 0.3%多菌灵加 0.3%代森锰锌处理果实，可有效地减少真菌孢子的侵入，需要注意的是，用多菌灵处理后，菠萝果实低温贮藏 4 周左右才能食用（胡会刚 等，2012）。

采下的菠萝果实必须在采后 6 h 内进行防腐处理，不然处理的防治效果不大。

（四）预冷

预冷是指果实在采收后以及贮藏或运输之前，将其温度迅速冷却至适宜贮运低温的一种商品化处理措施，通过降低果实的代谢活性，减少了营养和水分损失；抑制病原菌的滋生繁殖，减少了病害的发生，从而提高了果实的耐贮性，有效保持了其新鲜品质和延长贮藏寿命（郑恒 等，2020）。采后预冷还可减少贮运初期的温度波动，防止结露现象的发生，可节省运输和贮藏期间的制冷负荷。

为了最大限度地保持菠萝果实的新鲜品质和延长货架期，果实在采收后要尽早进行预冷处理。因此，最好在产地上进行；保持预冷库的场地卫生；预冷要彻底；预冷温度要适宜，防止造成果实的冷害和冻害；预冷后应立即转置在调整好温度的冷藏库或冷藏车内贮藏。

果实预冷的方式主要有自然降温预冷、冷水预冷、冷风预冷和真空冷却等。①自然降温预冷是一种最为简便的预冷方式，将采后的果实放置在阴凉通风的地方，让果实所带的田间热自然散去。②冷水预冷是通过将果实浸在流动的冷水中或者采用冷水喷淋来使果实降温。冷水预冷设施简单和设备成本低，但容易造成果实上病原微生物的交叉感染，且果实表面带有水分利于病菌滋生。③冷风预冷分为通风冷库预冷和压差通风冷却，均需将果实装箱，并按照一定堆码方式保证箱与箱具有良好的通风间隙，通过冷空气流经果实周围带走热量来降低果温。与通风冷库预冷不同的是，压差通风冷却是利用风扇使包装箱的两侧产生压力差，使冷空气从缝隙中强行通过从而带走果实的热量。因此，冷却速度要比通风冷库预冷方式快，并且果实冷却比较均匀，但造价成本较高。④真空冷却是将果实放在真空室内，将空气迅速抽出至一定的真空状态，在真空负压下，果实水分蒸发并带走热量从而完成冷却降温。其优点就是冷却迅速且均匀，但造价较高且会造成果实失水。

菠萝果实在田间采摘时应选择在凌晨或者傍晚时分，采下后要放置阴凉通风处，保证果实在较低的温度。在产地具有相应预冷设备的情况下，菠萝果实采摘后 24 h 内必须尽早尽快地进行预冷处理，除去从田间带来的热量以及菠萝本身所产生的热量，从而减缓果实的呼吸速率，减少果实营养和水分的流失，有效保持果实的新鲜度。菠萝果实预冷的温度建议在 13～15 ℃，预冷时间为 6～8 h，预冷温度一般以果实不发生冻害或冷害为宜，较低的预冷温度既有利于更快速降温，又有利于有效保持果实采后品质（Hossain et al.，2015）。菠萝果实入库前要保证预冷库的卫生，因此预冷库要做到定期消毒。预冷处理后的菠萝果实应尽快入库贮藏或运输。

（五）包装

预冷好的菠萝果实应在低温包装库中进行包装。菠萝果实和菠萝产品在贮藏和运输过程中因受到冲撞、振动和挤压等易发生机械损害，环境中的温度和相对湿度均影响着产品的质量。车辆运输过程中的振动挤压会导致果实出现组织损伤，而使果实腐烂。因此，合理的包装主要是可以保护果实的商品性状，同时便于装卸、搬运和销售，可避免菠萝果实在贮运和销售过程中的机械损伤，也可隔离病虫危害，减少相互感染，防止水分蒸发和腐烂变质，保持果实的完整性、新鲜度和美观度。统一的包装标准也便于商品流通，提高产品的知名度，吸引消费者，提高产品的市场竞争力。而合理的包装容器需要具备以下条件：容器的制作材料无毒、无臭、符合食品卫生要求；便于周转回收再利用或使用后易处理；具有一定的机械强度和防潮性，不易破损，能承受相当的压力，防止机械损伤又便于搬运；具有一定的通透性，有利于包装内外的气体交换。

将分级完毕的菠萝果实进行分类包装，采用瓦楞纸箱或双层套叠的瓦楞纸板箱包装可以最大限度地避免菠萝果实受到机械伤害。瓦楞纸箱（CFC）可根据容纳的菠萝果实的不同大小和形状来调整纸箱的规格，箱内一般采用水平方向交替放置和垂直竖放两种包装方式。菠萝果实在包装箱内水平方向上交替放置时，果实采用泡沫网袋进行单独包装，可避免保留果冠的尖叶对果实造成损伤；如果果实需要叠放包装，两层之间需要放置纸板或者缓冲材料隔开，避免果实之间接触发生挤压造成损伤。垂直竖放包装的箱内需要用纸板分隔形成小格放置菠萝果实，以防止果实摩擦和移动而产生机械损伤。包装容器与果实之间也可以用海绵分层，以保护果实在随后的搬运操作中不会受到进一步的机械损伤。包装时果实的装量要适度，防止挤压或过少移动摩擦而造成损伤，大小为长 45 cm、宽 30.5 cm、高 31 cm 的纸箱，每箱可装大小一致的菠萝果实 8～14 个。为保证箱内温度稳定和气体的流通，包装纸箱应开几个大的通风孔，孔距纸箱各边 5 cm 左右为宜。果实的包装容器上要标明质量检验合格证明、品名、产地、重量、等级和日期。菠萝果实组织脆弱，包装过程中要避免撞击、跌落或过分挤压（罗颖霞，2000）。

1. 气调包装技术

气调包装技术是通过调节和控制包装内气体的比例，延长新鲜或加工的菠萝产品的货架期的一种包装技术，生产上多与低温贮藏相结合提高贮藏效果。其作用原理是使用 O_2、CO_2、N_2 等混合气体替换包装内的空气，发挥不同气体的作用来抑制微生物的生长繁殖，降低新鲜产品的呼吸强度和减少乙烯物质的合成，从而延长其贮藏期。气调包装技术根据气体控制手法的不同，可分为自发性气调包装（MAP）和控制性气调包装（CAP）两种（张鹏 等，2020）。自发性气调包装技术是将产品密封在具有一定透气性的包装袋中，利用包装袋的透气性和包装内产品的呼吸作用，结合一定温度，消耗 O_2，产生 CO_2，在包装内自发调节形成低 O_2 高 CO_2 的气调动态平衡环境，使之符合产品的贮藏要求，达到延长保鲜期的目的（梁惜雯 等，2020）。自发性气调包装技术的优点是投入成本低和操作技术比较简单，但是自发调节达到产品所需贮藏要求气体的时间过长且贮藏条件不易控制。控制性气调包装技术是通过使用机械设备人为控制库内产品所需贮藏环境中 O_2、CO_2、N_2 等气体的成分浓度及其比例，从而保持产品的品质和延长其货架期。控制性气调包装技术的优点是能快速制备包装产品所需贮藏的气体环境以及控制精准，但是操作复杂，对技术要求高且设备成本较高等。

包装贮藏环境温度、混合气体比例和包装材料的透气性是影响气调包装技术保鲜效果的三个方面。温度以及贮藏环境中 O_2、CO_2 浓度的比例直接影响新鲜果实和微生物的呼吸代谢，而包装材料要保证包装内的混合气体不外泄，具有一定的气体阻隔能力，从而达到理想的气调包装保鲜效果。目前常见的气调包装材料主要有聚乙烯（PE）、聚丙烯（PP）、聚氯乙烯（PVC）、聚对苯二甲酸乙二醇酯（PET）、双向拉伸聚苯乙烯（BOPS）、聚苯乙烯收缩膜（PS）、聚丁二烯拉伸膜（PB）和乙烯-醋酸乙烯共聚膜（EVA）等。在气调包装中，要求包装材料的气体渗透性应与果实的呼吸速率尽可能保持一致，逐步稳定果实的有氧呼吸，从而保证果实的最佳贮藏效果。用于菠萝鲜果和鲜切产品的包装材料主要有聚丙烯（PP）、聚乙烯（PE）和聚二氯乙烯（PVDC）等。可食性涂膜也是一种自发性气调包装材料，在果实表层形成具有渗透和阻隔特性的半透气高分子薄膜，能够有效阻止大量的 O_2，抑制微生物的生长和果实营养物质的消耗，从而延长果实的货架期。目前大量的可食性涂膜被研制出，主要由多糖、蛋白质和脂类化合物组成（Ghidelli et al.，2017）。可食涂膜的应用有助于维持鲜切产品的质量并延长其货架期，但会影响其风味和营养成分等性质，因此，还需进一步完善可食涂膜包装技术。

2. 活性包装技术

活性包装技术是指一类通过吸收或释放 O_2、CO_2、乙烯等气体，或释放抗菌物质来维持或改变包装内贮藏环境，从而有效保持品质和延长货架期的一种包装技术。活性物质材料大多以包装成小袋或做成复合纸片等形式放入包装袋内，也可喷涂到包装薄膜内表面，或纳入包装材料内部。用于果实贮藏保鲜的活性包装材料主要有 O_2 吸收剂、O_2 释放剂、CO_2 吸收剂、CO_2 释放剂、乙烯控制包装及抗菌包装等（郭风军 等，2019）。

O_2 吸收/释放剂包装技术主要是利用除氧剂吸收包装内的部分 O_2，缩短包装内所需贮藏气体条件的平衡时间，降低包装产品的呼吸速率，有效延长其货架期。常见的 O_2 吸收剂主要有铁粉、维生素 C、感光染料、儿茶酚、酶和不饱和脂肪酸等。在果实包装贮藏过程中，O_2 吸收剂与 CO_2 释放剂结合使用，与单独作用相比，更加显著地抑制了新鲜包装产品的呼吸作用，得以有效延长保质期。生产上 CO_2 释放剂多采用碳酸盐或碳酸氢盐与有机酸反应的方式释放 CO_2，来抑制包装内产品和微生物的呼吸作用。而 CO_2 吸收剂大多在对 CO_2 较敏感的果蔬产品的包装保鲜过程中使用，通过吸收包装内多余的 CO_2，平衡包装内的气体浓度，防止包装内产品发生 CO_2 毒害。CO_2 吸收剂的组成材料多采用 NaOH、$Ca(OH)_2$ 及 CaO 等。

乙烯作为一种普遍存在于各类果实中的植物激素，具有促进果实成熟和衰老的作用。主要采用包装袋内放入乙烯吸收剂或充入竞争性抑制剂（如 1－MCP）等方式起到延长保鲜期的作用。常见的乙烯吸收剂是高锰酸钾，可将高锰酸钾浸渍在多孔材料中，如氧化铝、二氧化硅、沸石和活性炭。

抗菌包装是将抗菌物质涂抹在包装材料上或纳入包装材料内，通过释放抗菌物质抑制病原微生物生长甚至直接清除，从而有利于产品保持较好的品质和延长其货架期。常用的抗菌物质主要分为无机抗菌剂和有机抗菌剂。无机抗菌剂主要包括抗菌性纳米 Ag、Zn 和 Cu 等金属离子，纳米 ZnO 和 TiO_2 等金属氧化物、SO_2 及 ClO_2 等。无机抗菌剂主要通过与微生物体内蛋白质的巯基结合，从而破坏其蛋白质结构，致使微生物产生生理功能障碍而死亡。虽然无机抗菌剂在包装贮藏过程中不易被氧化，稳定性较好，但使用过程中同样会与包装产品接触或迁移到产品内，具有潜在的安全风险。有机抗菌剂包括有机酸类、小分子酚类、醇类、酶、细菌素和天然提取物等（刘勇 等，2019）。有机抗菌剂主要通过影响微生物细胞的细胞壁、细胞膜、蛋白质的合成系统，从而有效地抑制微生物繁殖。天然提取物从动植物体中提取，虽然具有较高的食用安全性，但存在易氧化、高温易降解或气味浓郁等问题，影响产品的风味和抗菌性。因此，可选择多种抗菌剂复配起协同作用，或与其他包装贮藏技术相结合，有效提升保鲜效果。

3. 智能包装技术

智能包装技术是指通过感应器检测包装内产品的环境条件，为管理者或消费者提供包装内产品在流通和贮藏期间品质变化信息的包装技术。随着消费者对食品质量安全的关注度上升，智能包装技术逐渐成为食品供应链中产品品质追踪的重要包装技术。智能包装系统主要包括时间-温度积分器、新鲜度指示器和射频指示器。

时间-温度积分器（TTI）是记录包装内产品在整个包装、贮存、分销和零售期间温度变化的指示器。TTI 指示器主要通过观察包装内传感器在高于适宜贮藏温度时发生的一些不可逆转的物理、化学、酶反应或微生物变化而引起的颜色变化，或产品达到设定的保质期时的颜色变化。因此，指示器的反应需要根据产品的适宜贮藏温度范围以及保质期特定设置。TTI指示器主要以自贴式标签黏附在包装内的形式应用在对贮藏温度要求严格的冷藏或冷冻的产品上（Kalpana et al.，2019）。

新鲜度指示器：果实在成熟和呼吸过程中会释放出各种挥发性有机风味物质，气体传感器可通过对某些特定气体进行测定来判断果实的成熟度、新鲜度等品质（廖恺芯 等，2021）。气体传感器还可通过检测包装内 O_2 或 CO_2 的含量来计算果实的呼吸速率，并将测定的数据信息反馈给管理者，通过人工调节及时降低果实的代谢损失（邵平 等，2021）。酶指示剂与发酵产物乙醇发生显色反应，通过颜色变化来判断果实的品质变化。消费者通过指示标签的颜色和饮食偏好选择相应成熟度的果实。

射频指示器：包装内产品在贮藏和运输过程中品质变化的相关信息可通过射频识别（Radio frenquency identification technology，RFID）技术识别和跟踪。RFID标签是电子条形码，是一种机器可读的数据存储库，被整合在包装上收集产品状态的数据信息。后可被RFID扫描仪识别访问，并将数据信息传输给计算机进行信息处理和分析，进而可以判断包装内产品的品质状态（Alam et al.，2021）。

时间-温度积分器、新鲜度指示器与射频识别技术相结合，可实现对果实在整个贮藏、运输、销售过程中质量和安全的调控，以及实现产品信息透明化。

4. 加工产品的包装

（1）鲜切菠萝。鲜切菠萝由于比整个菠萝果实的食用方式更方便，现在越来越受欢迎。但是，目前市面上的鲜切菠萝产品在17℃下的保质期只有5～7 d。鲜切菠萝由于没有果皮的保护，在贮藏和销售过程中易受微生物的侵染，且切割会导致果实汁液流失，也会刺激活性氧（Reactive oxygen species，ROS）的生成，造成果实呼吸作用加强，促进果实衰老（Pan et al.，2015）。据报道，有多种方法可以有效保持鲜切菠萝的品质并延长其保质期，其中包括气调包装（Gómez et al.，2020）、可食用涂层（Treviño - Garza et al.，2017）、短波紫外线（Manzocco et al.，2016）和臭氧水处理（李琰儒，2019）。气调包装内 O_2 浓度为5%时可最有效延长鲜切菠萝的保质期（Zhang et al.，2014）。鲜切菠萝的贮藏环境中初始气体为4% O_2、5% CO_2 和91% N_2 时，在10℃贮藏9 d仍能保持良好的品质，随着贮藏温度降低，能有效延长鲜切菠萝的货架期（方宗壮 等，2018；朱佳佳 等，2012）。壳聚糖涂层处理鲜切菠萝，能够有效抑制微生物的生长且减缓了维生素C等营养物质含量下降，壳聚糖涂层与多种天然提取物质（如原花青素、芦荟胶）组合对微生物的抑制效果更显著（Jing et al.，2019；Treviño - Garza et al.，2017）。在鲜切菠萝的零售包装中，多采用覆有薄膜的包装或者带有热密封薄膜盖子的塑料盒，有利于保护产品不受机械损伤，便于产品的搬运和堆叠摆放。

（2）菠萝罐头。菠萝罐头早期是用玻璃瓶进行包装，优势在于材料透明度高，对产品的外观品质有较好的展示作用。但玻璃瓶重量较大，易碎，运输成本较高。马口铁罐因其机械强度较高，质量较轻，被更多地应用在菠萝罐头的包装中（韩锦平 等，2010）。但菠萝罐头制品的酸度较高，易导致镀锡薄板罐中的锡溶解，存在食品安全问题。采用涂漆铁罐和复膜铁罐能提高菠萝罐内壁的耐腐蚀性。由聚对苯二甲酸乙二醇酯（又称聚酯，PET）或聚丙烯（PP）高分子膜和铁板组成的复膜铁罐因其稳定性强、耐腐蚀性高、成本低且安全环保，现在被广泛应用在制罐行业上。近年来，塑料杯和蒸煮袋等塑料包装材料也用作菠萝罐头的包装容器（韩锦平 等，2010；阎玮，2012）。蒸煮袋多用三层材料复合而成，外层为聚酯膜或者尼龙膜，起增加包装容器机械强度的作用；中层为铝箔，发挥防光、防湿和防漏气作用；内层为聚烯烃膜（如聚丙烯膜），主要起到热合作用。透明的蒸煮袋采用高阻隔材料［如乙烯-乙烯醇共聚物（EVOH）和聚偏二氯乙烯（PVDC）］代替铝箔层。与玻璃罐和金属罐相比，蒸煮袋的包装材料化学性能稳定，制造成本较低，携带方便，方便物流，但是蒸煮袋易受机械损伤而出现破损（阎玮，2012；杨虎林 等，2010）。

（3）菠萝汁及菠萝果酒。菠萝汁是一种高酸性液体，因此，其包装材料的要求就是化学性质稳定，具有较高的抗酸腐蚀性，密封性要好，具有较好的 O_2 和水蒸气阻隔性能。菠萝汁生产上常用的包装容器主要有玻璃瓶、PET 塑料瓶和纸塑铝包装盒。玻璃瓶是我国果汁传统的包装容器，具有耐酸、耐高温以及阻隔性好的优点，但材料较重且易碎，制约着产品的运输。PET 塑料瓶的 PET 材料具有化学性质较稳定，较耐酸、耐高温，较耐磨、不易碎的特性。果汁中营养物质和色素对光照较敏感，强光照射会加速其降解，与透明的玻璃瓶相比，纸塑铝包装盒具有较好的避光性，更适合用于菠萝汁的包装（吴敏，2016）。纸塑铝包装盒由聚乙烯-纸板-聚乙烯-铝箔-黏性塑料-聚乙烯等六层材料复合制成。聚乙烯层作为纸板与铝箔层间的黏附中介，既具有防水性，又能保证食品安全；纸板材料环保卫生，主要起到增加包装容器机械强度的作用；铝箔层起到阻隔和避光作用，但其耐压性和密封精度都比不上玻璃瓶和 PET 塑料瓶，也不能进行加热杀菌。菠萝汁的包装手法主要分为热灌装和无菌包装。热灌装是指高温杀菌后的果汁在 90 ℃左右的温度下进行灌装，用果汁本身的热量对包装容器内表面进行最后杀菌。无菌包装是指产品及包装容器经过灭菌冷却后，在无菌的环境中进行充填和封合的一种包装技术（佟臻 等，2021）。与无菌包装相比，热灌装不仅能节约资源，且对果汁的保质效果更好，保质期更长（Silva et al.，2006）。玻璃瓶和 PET 塑料瓶可通过热灌装包装菠萝果汁，不耐高温的纸塑铝包装盒可与无菌包装技术结合包装菠萝果汁。

目前，菠萝果酒生产上常用的包装容器多为玻璃瓶和陶瓷。这两种材料的化学稳定性好、具有良好的耐腐蚀性能、无毒、安全卫生、对环境污染小，且美观、成本较低；但重量大且易碎，给产品的运输带来极大的不便（吴斌 等，2008）。菠萝果啤中富含 CO_2 气体，对包装容器的要求是具有良好的气体阻隔性、耐热耐压耐酸性和遮光性。因此，产业上多采用玻璃瓶和易拉罐作为包装容器。PET 塑料类容器的气体阻隔性能达不到啤酒包装的要求，通过在 PET 塑料瓶的外部或内层喷涂碳纳米涂层或环氧类涂层改性等技术，进一步提高了 PET 塑料瓶的气体阻隔性、耐热性和抗冲击性（刘杰 等，2013；刘晓，2019；杨静静 等，2017）。改造后的 PET 塑料瓶不易破裂，易运输，安全系数高，生产过程能耗低，已经开始应用在啤酒产品包装上。

（4）菠萝干制品。菠萝干制品是通过真空冷冻干燥、热风干燥、渗透脱水和晒干等干燥方式使鲜菠萝的含水量和水分活度降低，有利于抑制微生物和酶的活动，显著延长了菠萝干制品的贮藏期。但是菠萝干制品极易吸水出现结块，严重影响产品的商品性质，且存在被微生物侵染的危险。菠萝干制品的还原糖含量较高，有氧的条件下会发生非酶褐变反应，从而影响干制品的外观品质。因此，菠萝干制品的包装容器必须具备良好的防水性、气体阻隔性、但费用较高，避光性、耐磨性、耐冲击性和抗压性能（Paul et al.，2014）。在理想情况下，玻璃和金属包装对水蒸气和 O_2 都具有极高的阻隔性，但费用较高，适合短距离运输一些售价较高的产品。对水蒸气和 O_2 都具有良好阻隔性的多层塑料薄膜、袋内衬有防潮包装材料的纸袋常被用来作为菠萝干制品的包装材料。在零售用途的情况下，菠萝干制品可采用更方便的包装形式，如使用自立袋、可重新密封的包装袋和可重新密封的塑料罐。

（5）冷冻菠萝。冷冻菠萝是将鲜切菠萝迅速通过其最大冰晶生成区，使其平均温度达到－18 ℃后迅速冻结而成，可有效抑制病原菌的生物活性，减缓营养物质的降解，保持果实的硬度，具有较长的货架期。采用葡萄糖液渗透脱水或 NaCl 溶液处理对鲜切菠萝进行预处理，再置于－30 ℃超低温下迅速冻结，可最大限度减小果实内冰晶的大小，从而有效减缓冷冻菠萝果实中营养物质的降解，降低冷冻果实解冻后汁液流失率（孙丽丽，2016）。因此，冷冻菠萝产品的包装材料需要耐寒，且低温下热封性和抗冲击性能较好，并具有良好的水蒸气和 O_2 阻隔性能。冷冻食品包装领域上常用的是塑料包装，主要分为单层包装袋（PE、PP 等）、复合软塑包装袋（OPP/LLDPE、NY/LLDPE 等）及多层共挤软塑包装袋（PA、PE、PP、PET、EVOH 等材料分别共挤）。冷冻菠萝的包装常采用 PE、PP 等包装袋充气或真空包装，复合软塑包装袋及多层共挤软塑包装袋的成本较高，产业上应用较少。

（六）贮藏

影响菠萝果实采后贮藏品质的环境因素主要包括温度、相对湿度和气体成分。

温度是影响菠萝果实贮藏效果的重要因素，也是目前果实贮藏过程中主要的调控因素。降低贮藏温度可以有效控制菠萝果实的呼吸强度和代谢快慢，从而减少营养物质的损耗；降低水分蒸发的速率，以提高果实的新鲜度；还可以抑制病原菌及其他微生物的生长，减少果实病害的发生，从而提高了果实的贮藏品质。但超过果实耐受度的温度，会造成果实生理失调和组织破坏，从而导致果实品质下降。因此，应在不发生冷害或冻害的温度下贮藏，才能有效提高果实贮藏品质和延长货架期。

空气中的相对湿度是影响果实新鲜度和微生物活动的直接因素。当果实贮藏环境的蒸汽压低于果实表面的蒸汽压时，果实中的水分会蒸发到空气中，从而降低果实中细胞的膨压，当两者之间的蒸汽压差值较大时，果实逐渐失水，果皮皱缩萎蔫，外观品质下降，影响果实的商品价值。生产上可通过地面洒水、铺湿木屑或喷雾的方式增加贮藏环境中的相对湿度。但湿度增加，微生物活动也同样增强。当贮藏环境的水汽达到饱和状态时，降低温度后，空气中过多的水分会在果实表面凝结成水珠，为微生物的生长繁殖和传播侵染创造了有利条件，因此在菠萝果实的贮藏过程中，要保持稳定的相对湿度和温度，库内堆放量不宜过大，且要留有空隙，保证良好的通风条件。

贮藏环境中的气体成分如 O_2、CO_2 和乙烯同样影响果实的贮藏效果。菠萝是典型的非呼吸跃变型果实，在贮藏过程中没有乙烯释放高峰，但乙烯是一种成熟衰老的植物激素，会增强果实的呼吸强度。果实呼吸作用的本质就是氧化还原反应，吸收 O_2 进行有机物氧化分解，释放 CO_2 和水。正常大气中 O_2 含量为 20.9%，而在 O_2 含量小于 10%时，可显著抑制果实的呼吸强度，O_2 含量越低，果实的呼吸强度抑制效果就越显著，而 O_2 含量低于 2%时，果实会出现无氧呼吸，不利于果实品质的保持。因此，保持贮藏环境下 O_2 含量在 2%～5%，能有效抑制果实的呼吸作用。提高贮藏环境中的 CO_2 含量，也能抑制果实的呼吸强度，过高的 CO_2 浓度会对果实造成生理损伤，代谢紊乱，严重影响果实的贮藏品质。菠萝果实贮藏期间适宜的 CO_2 浓度为 1%～5%，能最大限度地抑制果实的呼吸作用。同时降低 O_2 含量和提高 CO_2 含量的果实贮藏效果比单独作用时的效果更显著。

1. 常温贮藏

常温下贮藏的菠萝果实，品质保持在 7～10 d。且贮藏库房要门窗完整，不受日晒雨淋，并备有排气风扇进行换气，内部空气清新，不含其他化学烟气。常温贮藏下的菠萝，贮藏寿命较短，只适合短暂存放。

常温贮藏条件下通过植物生长调节剂处理能延长果实贮藏期。用 500 mg/L 萘乙酸（NAA）处理菠萝果实，处理后 20 d 的黑心病防治效果为 100%。其他化学试剂如 0.45 μL/L 的 1-甲基环丙烯（1-MCP）处理同样可抑制采后菠萝果实的衰老进程，有利于保持果实品质，延长贮藏寿命（张鲁斌 等，2016）。

2. 低温贮藏

菠萝是热带水果，对低温比较敏感，易发生冷害。但贮藏时适当降低温度可以降低果实的生理活动，降低失重率和养分消耗，减少采后病害的发生，保持较好的贮藏品质和延长贮藏时间（Rahmadhanni et al.，2020）。菠萝适宜的冷藏温度为 7～10 ℃，相对湿度为 85%～90%。不同成熟度菠萝果实的适宜冷藏温度不同，成熟度越高，低温耐受度越高。绿熟期果实在 10 ℃以下贮藏易受冷害，而黄熟期果实的适宜冷藏温度为 6～8 ℃，因此低温贮藏需要根据果实成熟度选择适当的冷藏温度。贮藏期间应及时进行通风换气，每天通风换气一次，选择在气温较低的早晨进行，通风时间不宜过长，避免引起库内温湿度的剧烈波动。

低温贮藏配合采后涂蜡、杀菌剂、化学试剂处理等方法，可较好地减少菠萝黑心病、黑腐病的发生，保持较好的品质、风味，延长贮藏寿命。

冷库管理注意要点：①果实入库前，保持冷库场地的卫生，预先需要进行彻底的清洁消毒，库内温度预先降至略低于菠萝果实适宜的冷藏温度。②预冷后的果实需及时入库冷藏，严格控制每日入贮量，以不超过该库总容量的 25%为宜，避免引起库内温度的剧烈波动。③库内果实的堆放要满足“三离一隙”以及分类分散的要求，即堆垛距墙有 20～30 cm、离天花板有 50～80 cm、采用标准托盘码放且与地面保持一定距离、垛与垛之间以及垛内应保持一定的空隙，以使库内的空气循环畅通，利于产品各部位的散热，保证库内各部分温度的稳定；菠萝果实堆放尽量按照分级包装要求码放并标识，避免与其他有刺激性气味或贮藏条件不一致的产品混贮。④菠萝果实贮藏过程中，定时检查贮藏库内温湿度、定期通风换气以及检查果实的质量，库内温度保持在 8～10 ℃，波动尽量不超过 1 ℃，相对湿度保持在 85%～90%，波动不得超过 5%；在每天气温较低的清晨通风换气一次，时间不宜过长，保持温湿度的稳定；及时剔除出现病虫害的果实，避免传染给其他果实。

3. 气调贮藏

气调贮藏是特定气体环境中的贮藏方法，通常通过适当降低 O_2 浓度和提高 CO_2 浓度，来抑制果实和微生物的生理活动。常用的菠萝气调贮藏方式为薄膜袋包装法或石蜡涂封法。

薄膜袋包装法是使用塑料薄膜进行简易的气调贮藏，利用菠萝自身的呼吸作用形成低 O_2、高 CO_2 的环境，不仅能减少果实失水，还能负反馈减缓果实自身的生理活动，从而延缓果实转黄进程，减缓成熟速度。气调贮藏与适宜的低温配合贮藏，能获得更好的保鲜效果。菠萝果实在 O_2 和 CO_2 气体组成分别为 2%～5%和 5%～10%、温度为 7～13 ℃、相对湿度为 85%～90%的条件下可贮藏 2～4 周，有效延长果实的保鲜期。贮藏温度在 15 ℃下的气调包装（5% CO_2＋1% O_2＋94% N_2）对菠萝果实黑心病的抑制效果比 25 ℃贮藏条件的更明显（黄炳钰，2017）。美国夏威夷大学研究由 2% O_2＋98% N_2 组成的气调包装，在 7.2 ℃贮藏条件下能延长菠萝的保鲜期。

石蜡涂封法是通过改变果实内部的 CO_2 和 O_2 浓度，从而影响果实的新陈代谢，特别是呼吸作用，可以减少水分流失、保留果实的挥发性成分和保持果皮组织的强度，从而保持果实的品质。涂蜡处理（65 g/L 处理 1 min）可延缓菠萝果实变色，降低呼吸强度和乙烯释放量，降低有机酸含量，减轻果实内部褐变症状，从而有效地控制果实成熟（Li et al.，2018）。将石蜡涂封法与冷藏法结合可以较好地抑制菠萝的黑心病的发生，从而有效保持菠萝的贮藏品质（屈红霞 等，2000）。涂蜡处理不仅可以缓解冷害，而且可以改善冷藏菠萝的品质（Hu et al.，2012），因此低温加打蜡处理是贮藏菠萝较好的方法之一。

4. 辐射处理贮藏

辐射处理贮藏主要是利用钴-60 或铯-137 发射的 γ 射线，通过干扰果实的基础代谢，延缓果实的成熟衰老，减少害虫滋生和抑制致腐微生物的生长，从而延长贮藏寿命。不同剂量的辐射处理保鲜效果不同，低剂量的辐射处理可延长果实的贮藏时间，适当提高辐射剂量可相应提高果实的保鲜持久度，而过高剂量的辐射则加速果实腐烂。菠萝果实辐射处理最大容许剂量是 250 Gy，在常温下保鲜期可达 1 个月，如再辅以低温贮藏，可再延长近 2 周的贮藏寿命（Damayanti et al.，1993）。采用钴-60 源发出的 γ 射线，在 100～150 Gy 辐射剂量对菠萝的理化特性影响不大，但在收获后的品质特性保持方面表现出较好的效果。与 150 Gy 辐照剂量相比，100 Gy 辐照剂量对于保持菠萝果实品质的效果更好（Da Silva et al.，2008）。

（七）运输与销售

果实运输方式主要包括公路运输、水路运输、空中运输和铁路运输。运输工具包括皮卡、密闭式卡车、敞篷卡车、冷藏车和集装箱。运输菠萝的车辆一定要先清扫，彻底消毒，确保卫生后才能装货。装运时堆码要安全稳当，要有支撑和衬垫，避免包装之间发生碰撞，又要确保包装间留有间隙便于循环通风。装卸过程不仅要轻装轻卸，还要速度快，尽量缩短运输和送货的时间。高温会加速果实的自身损耗，因此常温运输时要注意遮盖和通风散热。

果实在采收、分级、包装、预冷、贮藏、运输以及销售等过程中均处于果实所必需的特定低温环境，这种供应链系统称为冷链物流。其中，预冷、冷藏与冷藏运输是果实冷链物流的主要环节，分别涉及冷藏库、冷藏车、冷藏船以及冷藏集装箱等冷却设施。冷藏运输使预冷后的果实继续保持呼吸速率缓慢、营养物质消耗少的状态，进一步提高了果实的耐贮性，延长了贮藏期。冷藏运输的管理要点：①果实装载前，确保运输工具的制冷以及检测系统状态良好，箱体内干净卫生，温度预先降至略低于菠萝果实的冷链运输所要求的温度；②装载时，既要求快装快卸，又要求轻拿轻放，避免果实之间发生碰撞损伤，避免果实的温度波动剧烈；箱内堆放要固定平稳，且留有空隙，保证箱内冷空气有序循环；③运输过程中，车辆保持快速平稳，要实时监控箱内温湿度以及气体成分的变化，保持箱内温湿度以及气体成分的稳定。商品到达销区后，应尽快批发出售，以不超过 4～7 d 为宜。

四、小结

菠萝果实是非呼吸跃变型果实，不耐低温也不耐贮藏，使长途运输和长期贮藏受到限制，商品价值大大降低。目前，我国现行的果蔬保鲜与贮藏相关标准基本都是参照 ISO 的标准格式制定的。标准中涵盖的内容基本包括果蔬采收与质量要求、贮运前的准备、贮藏与管理、贮藏期限、出库处理及运输等内容。虽然目前采后贮藏产业链的标准正逐年完善，但还是存在一些迫切需要解决的问题。随着社会对农产品品质及安全性的关注度越来越高，同时农业集约化生产及机械化的普及，行业标准也会逐年完善，对于未来果蔬保鲜与贮藏的产业链，需要侧重于攻克采后的保鲜技术及提高基础设施水平。

参考文献

Damayanti M，莫治雄，1993. γ 辐射对菠萝采后病害发生率的影响 [J]. 热带作物译丛，4：40-41.
方宗壮，何艾，窦志浩，等，2018. 不同气调包装结合低温处理对鲜切菠萝贮藏品质的影响 [J]. 河南工业大学学报，39 (4)：102-107.
谷会，朱世江，侯晓婉，等，2020. 氯化钙处理对菠萝采后黑心病及贮藏品质的影响 [J]. 食品科学，41 (9)：161-167.
郭风军，张长峰，姜沛宏，等，2019. 果蔬保鲜包装技术及其研究进展 [J]. 保鲜与加工，19 (6)：197-203.
韩锦平，韩锦国，韩锦泰，等，2010. 食品罐藏发展史略——纪念罐头发明 200 周年 [J]. 包装学报，2 (4)：1-4.
胡会刚，胡玉林，陈晶晶，等，2015. 热处理减轻菠萝黑心病的作用研究 [J]. 广东农业科学，42 (13)：84-89.
胡会刚，孙光明，董晨，等，2012. 菠萝采后主要病害发生及防治研究进展 [J]. 广东农业科学，39 (24)：93-96.
胡君易，2021. 菠萝采摘机械研究进展 [J]. 农业技术与装备，2：22-23.
黄炳钰，2017. 采后菠萝黑心病发病过程呼吸代谢变化及气调贮藏研究 [D]. 海口：海南大学.
李琰儒，2019. 臭氧水处理对鲜切菠萝品质的影响 [D]. 沈阳：沈阳农业大学.
梁惜雯，顾思彤，姜爱丽，等，2020. 自发气调在鲜切果蔬包装中的应用研究进展 [J]. 包装工程，41 (15)：8-13.
廖恺芯，夏宇轩，王军，2021. 果蔬可视化新鲜度检测智能包装研究进展 [J]. 湖南包装，36 (2)：35-37.
林文秋，肖熙鸥，张红娜，等，2018. 菠萝果实发育过程中的内源激素变化及品质形成特点 [J]. 南方农业学报，49 (11)：2224-2229.

刘传和，刘岩，易干军，等，2009. 神湾菠萝夏季果与秋季果香气成分差异性分析 [J]. 西北植物学报，29 (2)：397 - 401.
刘传和，刘岩，谢盛良，等，2009. 不同成熟度菠萝果实香气成分分析 [J]. 热带作物学报，30 (2)：234 - 237.
刘杰，邓玉明，陈月平，2013. PET 啤酒瓶阻隔技术的研究进展 [J]. 塑料制造，9：61 - 66.
刘胜辉，孙伟生，陆新华，等，2015. 6 个菠萝品种成熟果实香气成分分析 [J]. 热带作物学报，36 (6)：1179 - 1185.
刘胜辉，魏长宾，孙光明，等，2008. 三个菠萝品种成熟果实的香气成分分析 [J]. 食品科学，29 (12)：614 - 617.
刘晓，2019. 啤酒包装容器现状及安全性能要求 [J]. 食品安全导刊，3：32.
刘勇，严志鹏，陈杭君，等，2019. 鲜切果蔬抗菌物质与抗菌包装应用研究进展 [J]. 食品与发酵工业，45 (9)：289 - 294.
刘玉革，徐金龙，赵维峰，等，2012. 菠萝果实香气成分分析及电子鼻评价 [J]. 广东农业科学，39 (20)：97 - 100.
陆新华，孙德权，吴青松，等，2013. 不同类群菠萝种质果实糖酸组分含量分析 [J]. 果树学报，30 (3)：444 - 448.
陆新华，孙德权，吴青松，等，2013. 菠萝种质资源有机酸含量的比较研究 [J]. 热带作物学报，34 (5)：915 - 920.
屈红霞，唐友林，谭兴杰，等，2001. 采后菠萝贮藏品质与果肉细胞超微结构的变化 [J]. 果树学报，3：164 - 167.
屈红霞，唐友林，谭兴杰，等，2000. 低温贮藏对菠萝细胞壁降解的影响 [J]. 园艺学报，27 (1)：23 - 26.
屈红霞，唐友林，谭兴杰，等，2000. 不同成熟度菠萝贮藏特性的差异 [J]. 亚热带植物通讯，1：9 - 12.
屈红霞，唐友林，谭兴杰，等，2000. 低温打蜡对贮藏菠萝黑心病控制的作用 [J]. 广西植物，1：83 - 87.
邵平，刘黎明，吴唯娜，等，2021. 传感器在果蔬智能包装中的研究与应用 [J]. 食品科学，42 (11)：349 - 355.
宋康华，谷会，张鲁斌，等，2019. 菠萝黑心病研究进展 [J]. 广东农业科学，46 (11)：85 - 91.
孙丽丽，2016. 菠萝冻结及贮藏过程中品质变化的研究 [D]. 湛江：广东海洋大学.
佟臻，高彦祥，2021. 液体饮料无菌灌装技术发展趋势 [J/OL]. 食品工业科技，8 (11)：1 - 13. https：//doi. org/10. 133 86/j. issn1002—0306. 2021050180.
魏长宾，李苗苗，马智玲，等，2019. 金菠萝品种果实香气成分和特征香气研究 [J]. 基因组学与应用生物学，38 (4)：1702 - 1711.
吴斌，张孔海，李建芳，等，2008. 纳米技术在果酒业中的潜在应用 [J]. 中国酿造，5：7 - 8.
吴敏，2016. 包装和贮藏条件对荔枝果汁品质的影响研究 [D]. 广州：华南农业大学.
阎玮，2012. 软罐头食品的工艺及前景展望 [J]. 甘肃农业，9：53 - 55.
杨虎林，姬志杰，李海军，2010. 软罐头——食品包装市场的“宠儿” [N]. 中国包装报，3：66 - 68.
杨静静，丰水平，钟俊辉，2017. 啤酒产品包装国际发展趋势 [J]. 中外酒业 · 啤酒科技，11：31 - 39.
杨文秀，赵维峰，魏长宾，等，2011. 菠萝贮藏过程中香气成分的变化 [J]. 热带农业科学，31 (6)：61 - 63.
杨祥燕，蔡元保，李绍鹏，等，2009. 菠萝果实不同发育阶段色泽和色素的变化 [J]. 热带作物学报，

30 (5): 579 - 583.
杨祥燕，蔡元保，孙光明，2010. 菠萝果肉颜色的形成与类胡萝卜素组分变化的关系 [J]. 果树学报，27 (1): 135 - 139.
叶玉平，夏杏洲，刘海，等，2014. 采后菠萝果实品质及果胶分解酶活性的变化 [J]. 安徽农业科学，42 (9): 2735 - 2738.
袁梓洢，尹保凤，邓丽莉，等，2016. 果蔬采后色素物质代谢调控研究进展 [J]. 食品科学，37 (17): 236 - 244.
张鲁斌，贾志伟，谷会，2016. 适宜 1 - MCP 处理保持采后菠萝常温贮藏品质 [J]. 农业工程学报，32 (4): 290 - 295.
张鲁斌，贾志伟，谷会，等，2013. 低温贮藏对货架期菠萝黑心病发生和果实品质维持的影响 [J]. 果树学报，4: 675 - 680.
张鹏，朱文月，李江阔，等，2020. 微环境气体调控在果蔬保鲜中的研究进展 [J]. 包装工程，41 (1): 1 - 10.
张琴，2016. ABA 控制菠萝黑心病的效果及其与 GAs 和乙烯的拮抗作用 [D]. 广州：华南农业大学.
张秀梅，杜丽清，孙光明，等，2009. 巴厘菠萝果实发育期间香气成分的变化 [J]. 果树学报，26 (2): 245 - 249.
张秀梅，杜丽清，孙光明，等，2009. 3 个菠萝品种果实香气成分分析 [J]. 食品科学，30 (22): 275 - 279.
张秀梅，杜丽清，孙光明，等，2007. 菠萝果实发育过程中有机酸含量及相关代谢酶活性的变化 [J]. 果树学报，3: 381 - 384.
郑恒，陈大磊，焦中高，2020. 预冷对果蔬的保鲜作用及其影响因素 [J]. 安徽农学通报，26 (13): 137 - 139.
中华人民共和国农业部，2001，NY/T 450 - 2001，菠萝 [S]. 北京：中国农业出版社.
朱佳佳，潘永贵，2012. 气调包装对鲜切菠萝品质的影响 [J]. 食品研究与开发，33 (7): 185 - 187.
Alam AU, Rathi P, Beshai H, et al., 2021. Fruit quality monitoring with smart packaging [J]. *Sensors*, 21 (4): 1509 - 1539.
Da Silva JM, Silvaz JP, Fillet Spoto MH, 2008. Características físico - químicas de abacaxi submetido *à* tecnologia de radiação ionizante como método de conservação pós - colheita [J]. *Ciência e Tecnologia de Alimentos*, 1 (28): 139 - 145.
Ghidelli C, Pérez - Gago MB, 2017. Recent advances in modified atmosphere packaging and edible coatings to maintain quality of fresh - cut fruits and vegetables [J]. *Critical Reviews in Food Science and Nutrition*, 58 (4): 662 - 679.
Gómez JM, Mendoza SM, Herrera AO, et al., 2020. Evaluation and modeling of changes in color, firmness, and physicochemical shelf life of cut pineapple (*Ananas comosus*) slices in equilibrium modified atmosphere packaging [J]. *Journal of Food Science*, 85 (11): 3899 - 3908.
Hong K, Xu H, Wang J, et al., 2013. Quality changes and internal browning developments of summer pineapple fruit during storage at different temperatures [J]. *Scientia Horticulturae*, 151: 68 - 74.
Hossain M, Bepary RH, 2015. Post harvest handling of pineapples: A key role in minimize the post harvest loss [J]. *International Journal of Recent Scientific Research Research*, 6 (9): 6069 - 6075.
Hu H, Li X, Dong C, et al., 2012. Effects of wax treatment on the physiology and cellular structure of harvested pineapple during cold storage [J]. *Journal of Agricultural and Food Chemistry*, 60 (26): 6613 - 6619.
Jing Y, Huang J, Yu X, 2019. Maintenance of the antioxidant capacity of fresh - cut pineapple by procya-

nidin-grafted chitosan [J]. *Postharvest Biology and Technology*, 154: 79-86.

Kalpana S, Priyadarshini SR, Maria Leena M, et al., 2019. Intelligent packaging: Trends and applications in food systems [J]. *Trends in Food Science & Technology*, 93: 145-157.

Li X, Zhu X, Wang H, et al., 2018. Postharvest application of wax controls pineapple fruit ripening and improves fruit quality [J]. *Postharvest Biology and Technology*, 136: 99-110.

Liu Y, Shi W, Ma H, et al., 2014. Influence of different maturity degrees on fruit quality of "Smooth Cayenne" pineapple [J]. *Hans Journal of Food and Nutrition Science*, 3 (2): 23-28.

Manzocco L, Plazzotta S, Maifreni M, et al., 2016. Impact of UV-C light on storage quality of fresh-cut pineapple in two different packages [J]. *LWT-Food Science and Technology*, 65: 1138-1143.

Montero-Calderon M, Rojas-Grau MA, Martin-Belloso O, 2010. Aroma profile and volatiles odor activity along gold cultivar pineapple flesh [J]. *Journal of Food Science*, 75 (9): 506-512.

Nadzirah KZ, Zainal S, Noriham A, et al., 2013. Physico-chemical properties of pineapple variety N36 harvested and stored at different maturity stages [J]. *International Food Research Journal*, 20 (1): 225.

Nanayakkara KPGA, Herath HMW, Senanayake YDA, 2005. Influence of ethephon (2-choloroethylphosphonic acid) plus K_2SO_4 on the process of ripening and internal browning in pineapple [*Ananas comosus* (L.) Merr. cv. Mauritius] under cold storage [J]. *Acta Horticulturae*, 1 (666): 315-319.

Pan Y, Zhu J, Li S, 2015. Effects of pure oxygen and reduced oxygen modified atmosphere packaging on the quality and microbial characteristics of fresh-cut pineapple [J]. *Fruits*, 70 (2): 101-108.

Paul PK, Ghosh SK, Singh DK, et al., 2014. Quality of osmotically pre-treated and vacuum dried pineapple cubes on storage as influenced by type of solutes and packaging materials [J]. *Journal of Food Science and Technology*, 51 (8): 1561-1567.

Preston C, Richling E, Elss S, et al., 2003. On-line gas chromatography combustion/pyrolysis isotope ratio mass spectrometry (HRGC-C/P-IRMS) of pineapple (*Ananas comosus* L. Merr.) volatiles [J]. *Journal of Agricultural and Food Chemistry*, 51 (27): 8027-8031.

Rahmadhanni DSD, Reswandha R, Rahayoe S, et al., 2020. The effect of cold storage temperatures on respiration rate and physical quality of crownless pineapple (*Ananas comosus* L.) [J]. *IOP conference series. Earth and environmental science*, 542 (1): 12006.

Sangprayoon P, Supapvanich S, Youryon P, et al., 2019. Efficiency of salicylic acid or methyl jasmonate immersions on internal browning alleviation and physicochemical quality of Queen pineapple cv. "Sawi" fruit during cold storage [J]. *Journal of Food Biochemistry*, 43 (12): 13059-13070.

Saradhuldhat P, Paull RE, 2007. Pineapple organic acid metabolism and accumulation during fruit development [J]. *Scientia Horticulturae*, 112 (3): 297-303.

Selvarajah S, Bauchot AD, John P, 2001. Internal browning in cold-stored pineapples is suppressed by a postharvest application of 1-methylcyclopropene [J]. *Postharvest Biology & Technology*, 23 (2): 167-170.

Silva KSD, de Assis Fonseca Faria J, 2006. Avaliação da qualidade de caldo de cana envasado a quente eporsistema asséptico Quality of sugarcane (*Sacharum* ssp.) juice packed by hot fill and aseptic processes [J]. *Food Science and Technology*, 26 (4): 754-758.

Soloman George D, Razali Z, Somasundram C, 2016. Physiochemical changes during growth and development of pineapple (*Ananas comosus* L. Merr. cv. Sarawak) [J]. *Journal of Agricultural Science and Technology*, 18 (2): 491-503.

Steingass CB, Carle R, Schmarr H, 2015. Ripening – dependent metabolic changes in the volatiles of pineapple [*Ananas comosus* (L.) Merr.] fruit: I. Characterization of pineapple aroma compounds by comprehensive two – dimensional gas chromatography – mass spectrometry [J]. *Analytical and Bioanalytical Chemistry*, 407 (9): 2591 – 2608.

Steingass CB, Vollmer K, Lux PE, et al., 2020. HPLC – DAD – APCI – MS analysis of the genuine carotenoid pattern of pineapple [*Ananas comosus* (L.) Merr.] infructescence [J]. *Food Research International*, 127: 108709.

Techavuthiporn C, Boonyaritthongchai P, Supabvanich S, 2017. Physicochemical changes of 'Phulae' pineapple fruit treated with short – term anoxia during ambient storage [J]. *Food Chemistry*, 228: 388 – 393.

Tokitomo Y, Steinhaus M, Buttner A, et al., 2005. Odor – active constituents in fresh pineapple [*Ananas comosus* (L.) Merr.] by quantitative and sensory evaluation [J]. *Bioscience, Biotechnology, and Biochemistry*, 69 (7): 1323 – 1330.

Treviño – Garza MZ, García S, Heredia N, et al., 2017. Layer – by – layer edible coatings based on mucilages, pullulan and chitosan and its effect on quality and preservation of fresh – cut pineapple [J]. *Postharvest Biology and Technology*, 128: 63 – 75.

Wei CB, Liu SH, Liu YG, et al., 2011. Characteristic aroma compounds from different pineapple parts [J]. *Molecules*, 16 (6): 5104 – 5112.

Wilson Wijeratnam RS, Hewajulige IGN, Abeyratne N, 2005. Postharvest hot water treatment for the control of *Thielaviopsis* black rot of pineapple [J]. *Postharvest Biology and Technology*, 36 (3): 323 – 327.

Youryon P, Supapvanich S, Kongtrakool P, et al., 2018. Calcium chloride and calcium gluconate peduncle infiltrations alleviate the internal browning of Queen pineapple in refrigerated storage [J]. *Horticulture, Environment, and Biotechnology*, 59 (2): 205 – 213.

Zhang B, Samapundo S, Rademaker M, et al., 2014. Effect of initial headspace oxygen level on growth and volatile metabolite production by the specific spoilage microorganisms of fresh – cut pineapple [J]. *LWT – Food Science and Technology*, 55 (1): 224 – 231.

Zhang XM, Dou MA, Yao YL, et al., 2011. Dynamic analysis of sugar metabolism in different harvest seasons of pineapple [J]. *African Journal of Biotechnology*, 10 (14): 2716 – 2723.

Zhang X, Wang W, Du L, et al., 2012. Expression patterns, activities and carbohydrate – metabolizing regulation of sucrose phosphate synthase, sucrose synthase and neutral invertase in pineapple fruit during development and ripening [J]. *International Journal of Molecular Sciences*, 13 (8): 9460 – 9477.

Zheng LY, Sun GM, Liu YG, et al., 2012. Aroma volatile compounds from two fresh pineapple varieties in China [J]. *International Journal of Molecular Sciences*, 13 (6): 7383 – 7392.

第五章 菠萝产品加工

一、鲜切菠萝

（一）简介

菠萝果实营养丰富、色香怡人，但因其表皮较硬、多刺，且削皮去眼工序繁杂，不便于消费者食用。鲜切菠萝是指将新鲜果实经过分级、清洗、切分、去芯、修整、保鲜和包装等一系列处理后，经过低温运输进入冷柜销售的即食制品，具有方便、新鲜、营养、安全的特点，迎合了目前消费者对快节奏生活的需求。但是，鲜切菠萝失去了原有的保护组织，在受到机械伤害后会出现组织损伤，诱发水果组织的代谢活动，与周围环境进行大量的水分和挥发物交换，导致产品腐烂变质。精细加工和特殊处理有助于保护产品免受水分损失、果汁渗漏、香气损失、膜破裂、组织软化、颜色和外观变化以及微生物生长的影响。通过适当的包装可以更好地控制产品与周围环境之间的质量传递，实现进一步的保护。而对具有多汁特点的菠萝进行切分，最大的挑战是如何最大程度地降低果汁损失率和防止微生物污染。

（二）原料品质特性

菠萝的一些物理特性和生物化学特性等决定了鲜切产品的品质。而鲜切菠萝的品质在很大程度上取决于采收前后的各种因素，如品种、气候、土壤营养、栽培措施、采收的成熟度以及运输和贮存条件。低酸品种 Smooth Cayenne 杂交种 MD－2 通常是鲜切加工的首选品种，其果肉呈黄色、甜度适中、具有较高含量的维生素 C，且贮存货架期更长（Montero－Calderón et al.，2008）。Montero－Calderón 等（2010a）研究表明，菠萝果实不同部位的品质存在显著差异，可溶性固形物与可滴定酸度的比值（SSC/TA）由果实基部到顶部逐渐递减；基部的果肉具有更高的成熟度；与果实中成熟度较高的组织相比，成熟度低的部分在加工过程中更容易被切分。菠萝果实基部到顶部产生的香气中，挥发性化合物含量也不同（魏长宾 等，2019；Montero－Calderón et al.，2010b）。因此，在加工和包装过程中需要确保菠萝鲜切片的均一性。

（三）加工工艺流程

鲜切菠萝的主要工艺流程为果实挑选、清洗消毒、去皮切分、漂洗护色、去除表面水（沥干）、包装、冷藏等（图 5－1）。

图 5-1 鲜切菠萝加工工艺流程

鲜切菠萝工艺流程的基本要求和卫生管理准则应按照国家标准《即食鲜切果蔬加工卫生规范》(GB 31652—2021) 中的规定严格执行。

1. 果实挑选

原料选择是鲜切水果加工工艺流程的第一步，也是保证鲜切水果新鲜和质量的关键。根据菠萝有无树冠，可将其分为有冠菠萝与无冠菠萝，无冠菠萝可为加工厂节省运输空间和成本。果实品质特性会影响鲜切产品在贮存和配送过程中的质量变化，从而影响产品的保质期。为了保证鲜切菠萝产品的最佳品质，应选择外观颜色统一、果肉质地紧密细致、成熟度适中、无病虫害、无腐烂和异味的新鲜果实。

2. 清洗消毒

清洗可洗去果实表面的泥沙、昆虫、残留农药等，能为下一步减菌、灭菌奠定一个良好的基础。清洗用水要符合国家饮用水标准，可采用浸渍或鼓泡的方法使清洗效果得以加强。清洗过程中，可适量添加防腐剂，既可抑制微生物的生长，又能降低酶活性，延长鲜切果实产品的保鲜期。新鲜菠萝果实到达加工厂后，可用含氯水（次氯酸钠或其他）清洗 2～5 min，再用清水冲洗干净果实表面的含氯水。

3. 去皮切分

新鲜菠萝原料按要求清洗消毒后进行切分，包括去皮、去果眼等处理，并将整个去皮菠萝切分为扇形、长条状、立方块等不同形状（Antoniolli et al.，2005）。切分的规格和形状也是影响鲜切菠萝品质的重要因素之一，切分越小，切分面积越大，越不利于贮存，且不同切割厚度对鲜切菠萝生理变化也有影响（Silva et al.，2005）。果肉遇 Fe^{3+} 会变色，因此要选用锋利的不锈钢或陶瓷刀进行切分。

4. 漂洗护色

去皮与切分后，需要对鲜切菠萝进行漂洗处理，这是鲜切菠萝加工中不可缺少的环节，可以有效去除其表面的汁液，减少微生物污染，从而有效地保证鲜切菠萝的品质。一般漂洗的时间不能超过 5 min。漂洗液的温度和 pH 是影响漂洗效果的两大重要因素，通常高温漂洗效果较好，但温度过高会使多酚氧化酶的酶活性升高，建议漂洗温度低于 20 ℃；低 pH 下的漂洗更利于杀菌。褐变是影响果实鲜切品质的最大因素，可在漂洗液中加入适当的褐变抑制剂，目前许多高效、无毒的化学防腐剂已被用于控制鲜切菠萝的褐变，如柠檬酸、异抗坏血酸钠、半胱氨酸、草酸、1-甲基环丙烯（1-MCP）等（González-Aguilar et al.，2005；李路遥 等，2016）。

一般在漂洗液中加入一些保鲜剂进行护色，如亚硫酸盐、维生素 C 等，可以抑制微生物生长，降低或阻止酶反应，改善鲜切菠萝的色泽。

5. 沥干

漂洗、护色完成后，需要尽快将鲜切菠萝表面的水分进行沥干，因为潮湿的环境利于微生物的生长繁殖，导致鲜切菠萝发生品质变化。沥干可采用沥水法，也可用干纸巾、棉布等吸水材料将鲜切水果表面水分吸收，或采用连续风干振动输送方式进行沥水，沥干至表面无明水。

6. 包装

鲜切菠萝在沥干表面的水分后要尽快进行包装。包装可以有效减少鲜切菠萝水分和营养物质的流失，阻隔切分表面与气体及微生物的接触，抑制呼吸作用，延缓乙烯生成，降低切分表面各种生理生化的反应速度，从而延缓切分水果表面组织的褐变、失水等品质变化，保证鲜切菠萝的外观品质和口感，提升产品的商业价值。常见的包装方式有气调保鲜包装（MAP）、减压包装（MVP）、活性包装（AP）和涂膜包装等。包装材料通常选用塑料材质，外包装多以塑料薄膜袋包装，或以塑料托盘盛装外、覆塑料薄膜包装。

7. 冷藏与配送

温度是影响鲜切水果贮藏品质的重要因素，一般最佳贮藏温度是稍高于果实冻害或冷害的温度，大部分鲜切水果适合在0～5℃低温条件下贮存。在Marrero和Kader（2006）的研究中，鲜切菠萝在10℃下能贮存4 d，7.5℃为8 d，5℃为12 d，2.2℃和0℃时超过15 d，表明低温贮存能有效延长鲜切菠萝的货架期。因此，鲜切水果进行切分加工、贮藏、运输及销售整个过程均需在低温环境下完成，并且注意避免包装破损、二次污染等问题。配送全程宜配备可实时监测温湿度的设备，为产品的质量安全溯源管理提供数据保障。

（四）保鲜技术

鲜切菠萝以其新鲜度高、方便、安全等优点，深受消费者的喜爱，但鲜切加工中产生的机械损伤，加剧了呼吸作用和代谢反应，引发一系列生理生化变化，如变色、变味、衰老、失水等，失去了新鲜产品的特征，严重影响了其商业价值（Buccheri and Cantwell，2014）。因此，鲜切菠萝加工的关键在于保鲜，选择合适的保鲜技术延缓品质的下降，对鲜切菠萝产业发展具有重要意义。

1. 低温保鲜

在常温环境下，鲜切水果组织代谢活动旺盛，易发生酶促褐变，导致水果品质下降。随着温度的升高，各种营养成分的流失和衰变加快，导致水果组织的耐藏性和抗病性下降。而在低温环境下，水果本身的组织代谢活动，多酚氧化酶和其他酶活性，以及微生物的生物活性都会降低，因此低温是减缓褐变进程、防止微生物生长最有效和最安全的方法。在不高于5℃的环境下，微生物的活性会受到非常明显的抑制。Montero-Calderón等（2008）研究报道，鲜切菠萝在5℃条件下能有效抑制微生物的生长，贮藏周期可达14 d。因此，在低温环境下进行去皮、切分、包装等工序，可延长鲜切菠萝的保鲜期。

2. 气调保鲜

气调保鲜（Modified atmosphere packaging，MAP）的基本原理是通过包装袋内外气体交换和袋内产品的呼吸作用，被动地形成一个袋内气调环境，或用某一特殊的混合气体充入特定的包装袋，其最终目标是在包装袋内形成一个理想的气体条件，尽可能降低产品的呼吸强度，同时不会对产品造成不良影响。Pan等（2015）的研究报道，鲜切菠萝在（4% O_2+5% CO_2）气调环境下贮藏，能有效延缓硬度、可溶性固形物（SSC）、还原糖、维生素C的下降。方宗壮等（2018）研究发现气调包装（4% O_2+5% CO_2+91% N_2）

结合低温处理可更好地保持鲜切菠萝的贮藏品质，可将货架期延长至 15 d。高压氩气处理结合冷藏或气调保鲜技术，能有效延长鲜切菠萝的保质期。Wu 等（2012）研究发现高压氩气处理（1.6～2.2 MPa，43～65 min）能更好地保持鲜切菠萝在冷藏期间的颜色和硬度，抑制微生物生长，可延长其货架期至 20 d，与未经处理的样品相比，保质期延长了 6 d。

3. 可食用涂膜保鲜

近年来，可食用涂膜处理是鲜切菠萝常用的保鲜措施之一，通过在鲜切水果表面覆上一层保护膜，可有效阻止鲜切水果与 O_2 接触，防止褐变发生和水分流失，从而改善鲜切水果的外观品质，达到保鲜效果。目前可食用涂膜基本材料可由纤维素衍生物、多糖、类脂、蛋白质等高分子材料组成，可从天然植物中提取，具有环保安全的优点，在鲜切水果保鲜领域中的应用十分广泛（Bierhals et al.，2011）。一些精油、有机酸、多糖和香料可以添加到可食用涂层中作为抗菌剂（Raybaudi－Massilia et al.，2010；Azarakhsh et al.，2014）。据 Rafaela 等（2021）报道，鲜切菠萝用 2%壳聚糖＋0.5%肉桂精油复合处理，既能有效地降低其重量与硬度的损失，又能抑制霉菌和酵母菌的生长，从而延长了菠萝的货架期。目前有一种新型涂膜是以姜黄素、壳聚糖、纳米纤维为载体的可食性涂膜，铁含量约为 3.6 mg/mL，具有更好的抗癌、耐热和食品性能，可为鲜切菠萝增加附加值（Ghosh et al.，2021）。Ying 等（2021）发现姜黄素光动力处理对鲜切菠萝具有较强的抑菌作用，且能有效保留冷藏鲜切菠萝的品质属性，在鲜切菠萝的保鲜方面具有明显的潜力。

4. 其他保鲜

除上述几种外，冷杀菌（Cold sterilization）和超高压处理是近几年研发的新型保鲜技术，具有天然、安全的特点。冷杀菌保鲜主要包括光动力杀菌、辐照杀菌、紫外线杀菌、高压脉冲电场杀菌、高压脉冲磁场杀菌、生物杀菌等。超高压保鲜技术是将鲜切水果置于 100～1 000 MPa 高压和一定温度下处理一段时间，使其生物高分子物质理化性质改变，如蛋白质变性、酶失活、淀粉糊化等，并杀死鲜切水果中的微生物，从而达到对鲜切水果保鲜的目的。此外，生物保鲜法也是现代发展起来的保鲜方法，一般指通过控制、调整生物的遗传基因进行保鲜。

（五）小结

温度是影响鲜切产品品质的主要因素，因此，需要实现加工厂到消费者之间产业链的全程冷链化。如何减少鲜切菠萝汁液损失，保持良好的质地、风味和外观，以及延长其保质期仍是鲜切菠萝市场发展急需解决的关键问题。未来，鲜切菠萝的市场需求还会继续增长，开发适用于鲜切菠萝的安全高效保鲜技术来延长其保质期是食品工业面临的主要挑战，也是未来研究需要关注的问题。

二、菠萝汁

（一）简介

菠萝汁是菠萝果肉（有时包括菠萝芯）经机械力压榨而出、可直接食用的汁液。国外适合菠萝汁商业化加工的品种主要有阿巴卡西、皇后、西班牙和无刺卡因，国内菠萝汁加工的品种以巴厘为主。全球菠萝汁年贸易量达 25 万 t，产值达 3.5 亿美元，位居热带水果之首。用于加工果汁的菠萝约占总产量的 4%，其中，泰国和印度尼西亚为菠萝汁的主要生产地。市售菠萝汁产品的数量和种类繁多，常见的有 NFC 菠萝汁、菠萝复合果蔬汁和菠萝汁类饮料等。此外，罐装菠萝汁常用于制作冰沙、鸡尾酒和嫩肉粉等，还是朗姆酒和龙舌兰酒酿制过程中的重要原料（Wikipedia，2021）。

（二）分类及产品

根据《果蔬汁类及其饮料》（GB/T 31121—2014）中果汁的分类情况来确定不同类型的菠萝汁产品（国家标准化管理委员会，2014）。

1. 菠萝汁（浆）

（1）原榨菠萝汁/非复原（Not from concentrate，NFC）菠萝汁。以菠萝为原料，采用机械方法直接制成的可发酵但未发酵的、未经浓缩的汁液制品。采用非热处理方式加工或巴氏杀菌制成的原榨菠萝汁（非复原菠萝汁）可称为鲜榨菠萝汁（图 5 - 2）。

图 5 - 2　NFC 菠萝汁

NFC 菠萝汁中不添加水、糖、香精、色素和防腐剂等任何其他成分，不经浓缩及复原，保留菠萝的营养和风味。佳果源 100% NFC 菠萝汁以哥斯达黎加金菠萝为原料，冷压榨出汁，瞬时杀菌后直接无菌冷灌装，呈现无添加的原味。零度果坊及早橙好 NFC 菠萝汁以菲律宾 MD - 2（金菠萝）为原料，果糖含量高达 16%，1 瓶约相当于 1 颗菠萝。NFC 果汁新鲜、健康、不添加的属性与消费者时下的健康消费需求非常契合，欧睿国际的数据显示，2013—2018 年，中国市场的果汁消费量呈现逐步下滑的趋势，减少了约 18%，而 NFC 果汁的零售量和市场规模都在增长，零售量从约 580 万 L，增长至约 4 600 万 L，市场销售规模从 3 亿元增长至 25.7 亿元。美国每年 NFC 果汁人均消费量为4 L，与我国饮食结构相似的日本人均消费 NFC 果汁达 2.5 L，而国内人均消费只有 0.01 L（Euromonitor，2021）。可见，NFC 果汁在国外已经有了成熟的消费市场，而在国内还有巨大的发展空间。NFC 果汁的运输、贮存条件严苛，保质期较短，价格较高，消费者对其缺乏认知，这些都是未来需要解决的问题。

（2）菠萝汁（复原菠萝汁）。在浓缩菠萝汁中加入其加工过程中除去的等量水分复原而成的制品。

臻富和果满乐乐菠萝汁以浓缩菠萝汁和水为原料，口感和风味与鲜榨菠萝汁接近（图 5 - 3）。

（3）菠萝浆。以菠萝为原料，采用物理方法制成的可发酵但未发酵的浆液制品，或在浓缩菠萝浆中加入其加工过程中除去的等量水分复原而成的制品。

（4）菠萝复合果蔬汁（浆）。含有菠萝汁（浆）等不少于两种果汁（浆）或蔬菜汁（浆）的制品（图 5 - 4）。

图 5-3　复原菠萝汁

图 5-4　菠萝复合果蔬汁

顺鑫牵手复合果蔬汁中含有菠萝汁、苹果汁、胡萝卜汁、百香果汁和玉米汁，不添加蔗糖，多种果蔬搭配，营养全面，低温无菌冷灌装，可保留果蔬汁的营养和原味。C 菓语菠萝椰子口味复合果汁饮料选取热带水果椰子水和菠萝汁为原料，同样不添加色素、防腐剂和蔗糖等，采用无菌冷灌装技术，果汁含量≥30%，口感丰富有滋味。

2. 浓缩菠萝汁（浆）

以菠萝为原料，从采用物理方法制取的菠萝汁（浆）中除去一定量的水分制成的。食用时加入其加工过程中除去的等量水分复原后具有菠萝汁（浆）应有的特征（图 5-5）。

3. 菠萝汁类饮料

（1）菠萝汁饮料。以菠萝汁（浆）、浓缩菠萝汁（浆）、水为原料，添加或不添加其他食品原辅料和（或）食品添加剂，经加工制成的制品（图 5-6）。

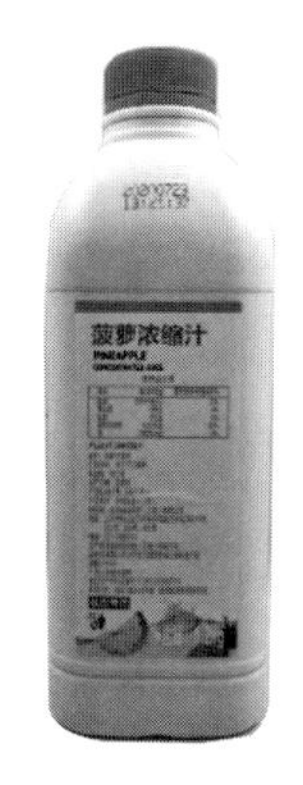

图 5-5　菠萝浓缩汁

图 5-6　菠萝汁饮料

市面上常见的菠萝汁产品多数为菠萝汁饮料。瑞丽江菠萝汁饮料以水、菠萝汁和葡萄糖等为配料调配，各成分比例适中，果味浓郁，清凉爽口。果汁加工巨头汇源集团也出品菠萝汁饮料，产品配料中含有纯净水、菠萝浓缩汁、果葡糖浆、白砂糖和食品添加剂等。

（2）菠萝果肉饮料。以菠萝浆、浓缩菠萝浆、水为原料，添加或不添加菠萝汁、浓缩菠萝汁、其他食品原辅料和（或）食品添加剂，经加工制成的制品。

菠萝果肉饮料中通常含有果肉纤维，口感独特。可可藏香凤梨浓缩果浆和臻典凤梨果肉饮料以菠萝浆为主要成分，还含有蔗糖、果糖浆、纯净水和食品添加剂等辅料，其可按1∶6的比例直接冲饮，也可用于调配饮品和制作冰品、甜品。

（三）营养成分及质量标准

菠萝汁中的物质组成取决于原料菠萝的地理分布、栽培情况、收获时节和加工时间。市面上常见的罐装菠萝汁（100 mL）通常含有0.36 g蛋白质、0.12 g脂质、12.87 g糖类和0.1 g总膳食纤维。主要的矿物元素包括K、Mg、P、Fe和Mn。菠萝汁还富含维生素C，有较好的抗氧化活性。主要的氨基酸包括天冬酰胺、脯氨酸、天冬氨酸、丝氨酸、谷氨酸、酪氨酸、缬氨酸、苏氨酸、甘氨酸和异亮氨酸（Khalid et al.，2016）。菠萝汁中具体的营养成分如表5-1所示。

表5-1 罐装菠萝汁中的营养成分（每100 g）

（Khalid et al.，2016）

营养成分		含量	单位
基本成分	水	86.37	g
	能量	221.85	kJ
	蛋白质	0.36	g
	脂质（脂肪）	0.12	g
	糖类	12.87	g
	总膳食纤维	0.10	g
	灰分	0.30	g
矿物元素	Ca	13.00	mg
	Cu	0.09	mg
	Fe	0.31	mg
	Mg	12.00	mg
	Mn	0.99	mg
	P	8.00	mg
	K	130.00	mg
	Na	2.00	mg
	Zn	0.11	mg
维生素	维生素C	10.00	mg
	叶酸	18.00	μg
	烟酸	0.20	mg
	维生素B_6	0.10	mg
	核黄素	0.02	mg
	维生素B_1	0.06	mg
	维生素A	5.00	IU
	维生素E	0.00	mg
	维生素K	0.30	μg

《菠萝汁》（NY/T 873—2004）中有对菠萝汁产品质量提出明确的要求。菠萝汁加工应以新鲜、成熟适度、风味正常、无病虫害和腐烂的菠萝为原料。罐装的菠萝汁应符合商业无菌要求，菠萝汁的感官要求、理化指标和卫生指标分别见表5-2、表5-3和表5-4所示。

表5-2 菠萝汁感官要求

项目	要求
色泽	果汁呈淡黄色或浅黄色，有光泽，均匀一致
滋味与气味	具有菠萝汁应有的滋味和芳香，酸甜适口，无异味
组织形态	混浊度均匀一致，久置后允许有微量果肉沉淀
杂质	无肉眼可见外来杂质

注：缺陷包括异味和杂质。

表5-3 菠萝汁理化指标

项目	指标
可溶性固形物（折光法，20℃）	≥10%
总酸（以柠檬酸计）	≥0.4%

表5-4 菠萝汁卫生指标

项目	指标
砷（以As计），mg/kg	≤0.2
铅（以Pb计），mg/kg	≤0.3
铜（以Cu计），mg/kg	≤5
锌（以Zn计），mg/kg	≤5
铁（以Fe计），mg/kg	≤15
锡（以Sn计），mg/kg	≤250
铜锌铁总量，mg/kg	≤20
二氧化硫，mg/kg	≤10
山梨酸钾，g/kg	≤0.5
苯甲酸钠，g/kg	≤1.0
菌落总数，cfu/mL	≤100
大肠菌群，MPN/100 mL	≤3
致病菌（指肠道致病菌及致病性球菌）	不得检出

注：糖精钠、日落黄、柠檬黄不得使用。

（四）加工工艺和设备

菠萝汁的加工流程一般包括分级选果、清洗、去皮、切分、榨汁、灭菌和灌装等。具体流程图如图 5－7 所示。

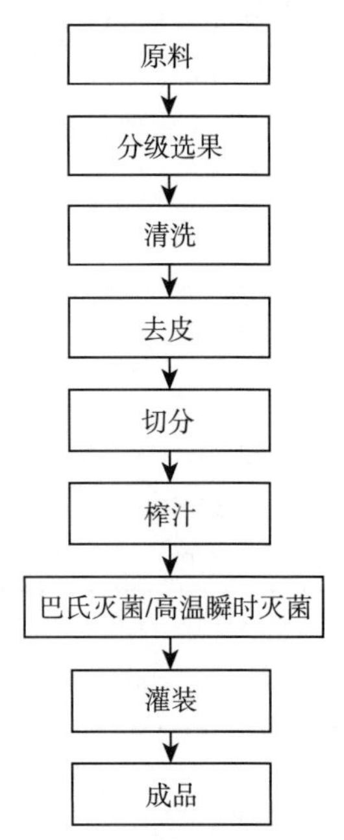

图 5－7　菠萝汁加工流程

（1）分级选果。由农场采收来的菠萝去进入工厂时通常已经去冠，简单的分级处理可以清理除去混杂在菠萝果实中的菠萝冠和叶子，并且挑选出适合菠萝去皮机规格的菠萝果实。天平式菠萝选果机利用杠杆原理，设置不同质量的砝码，大于某个砝码质量的菠萝会落入相应的收集筐中，实现不同质量和大小的菠萝分级。

（2）清洗。菠萝的清洗采用果蔬类通用清洗设备即可，一般为气泡式清洗机（彩图 2），采用气泡翻滚、刷洗、喷淋技术，使菠萝表面的泥土和农药残留等杂质得以去除，设置的隔板还可将菠萝和洗下的泥沙有效隔离开，降低水的混浊度。

（3）去皮。去皮是菠萝制品加工工艺过程的重要环节，菠萝去皮装置按照功能可分为单一去皮装置、可去皮去果眼装置和可通芯去皮装置（宋玲 等，2017），可根据所需原料部分的不同，选择相应的去皮设备。

在使用单一去皮机时，把两端已切除的菠萝垂直放置在机器上并不断旋转，当刀片移动到菠萝头部位置时开始削皮。

菠萝去皮去果眼机通常机内装有两把刀，削刀可自动跟踪果形变化因而去皮带肉少，并且可同时削下果皮和果眼。

在使用菠萝通芯去皮机（图 5－8）时，把切去头尾两端的菠萝置于放料架上，由气缸将菠萝向前推送，经过特制划皮刀将菠萝外皮划破，推入高速旋转的去皮刀筒，将菠萝外皮切去，同时送料杆内的通芯刀将菠萝芯去掉，从而得到圆柱形果筒。如果无需通芯，可将送料杆内的通芯刀卸除。

图 5－8　菠萝通芯去皮机

（4）切分。根据菠萝物料的输送方式，菠萝切片机可分为推杆式和输送带式。推杆式菠萝切片机具有推杆式进料口，推杆驱使物料前进，旋转刀盘定向切片，可以使菠萝片厚薄均匀。输送带式菠萝切片机采用输送皮带把物料送至回转刀处，盘状刀片分为片盘和丁盘，可将削皮后的菠萝切分成不同形状用于榨汁。

（5）榨汁。大型工业化生产菠萝汁时会采用菠萝去皮榨汁机（图 5－9），集去皮和榨汁为一体，在生产过程中不需分级即可处理，通过挤压同时完成皮肉分离和榨汁，简单方便，出汁率高，是大中型果汁生产企业的理想之选。已去皮和切分后的菠萝果肉可采用压力榨汁机（彩图 3）获得菠萝汁，原料加入进料斗后受到挤压，其压榨的汁液通过过滤网流入底部的盛汁器。

图 5-9　菠萝去皮榨汁机

（6）灭菌灌装。菠萝汁可以采取先灭菌后灌装或先灌装后灭菌的形式。果汁常用的灭菌方法为巴氏灭菌或超高温瞬时灭菌。巴氏灭菌处理温度大于 80 ℃，灭菌时间持续 15 min（黄易安，2021）。超高温瞬时灭菌处理温度为 135～150 ℃，加热时间为 2～8 s。菠萝汁灌装前灭菌可以采用管式灭菌，物料在连续流动的状态下通过套管式热交换器加热以达到商业无菌水平，进而在无菌状态下进行灌装，超高温瞬时灭菌常采用管式灭菌的形式（彩图 4）。灌装后灭菌常采用巴氏灭菌机，以热水为介质，连续蒸煮，实现灭菌。菠萝汁灌装时，选择塑料瓶、玻璃瓶、易拉罐或纸盒作为容器，灌装设备会有差异（彩图 5）。塑料瓶、玻璃瓶和易拉罐的灌装设备通常集洗、灌、封为一体。纸盒灌装机的流程包括底部压封成型、灌装和顶部封合成型等步骤。

除了上述菠萝汁加工的一般步骤，对于特殊的菠萝汁产品，还需要增加其他的工艺流程。例如，浓缩菠萝汁加工可采用真空蒸发浓缩或冷冻浓缩，澄清菠萝汁加工需增设处理膜（彩图 6）或是酶解罐，而菠萝汁饮料加工还需要有相应的调配罐（彩图 7）（秦贯丰等，2020；南京工业大学，2018；容艳筠，2015）。对不同操作单元对应的设备进行有机组合构成了菠萝汁生产加工流水线（彩图 8）。

（五）小结

果汁是消费者日常需求较大的产品，菠萝鲜果用于加工菠萝汁，可以极大地提升菠萝的经济附加值，延长其货架期。目前，市面上常见的菠萝汁产品包括 NFC 菠萝汁、复原菠萝汁、菠萝复合果蔬汁和菠萝汁类饮料，其加工产业链已经初具规模。但是真正符合标准的高品质菠萝浆和浓缩菠萝汁类产品却较少见，这可能是因为该类产品在不添加食品添加剂的情况下难以长期贮存，或是在加工工程中难以保持其良好的特性，比如流动性、色泽和风味等。此外，菠萝汁的生产加工过程中，普遍需要较多的人工投入，尚未完全实现自动化和智能化。技术的不断优化创新是未来菠萝汁生产加工的重要投入方向，以期为消费者提供健康且口感更优良的菠萝汁产品。

三、菠萝罐头

罐头食品是以水果、蔬菜、食用菌、畜禽肉、水产动物等为原料，经过加工处理、装罐、密封、加热杀菌等工序最终制成的商业无菌的罐装食品。按不同的生产原料、生产工艺和产品原本的特性可分为畜肉类罐头、禽类罐头、水产类罐头、水果类罐头、果冻及果酱类罐头、蔬菜类罐头、食用菌罐头等［《罐头食品分类》（GB/T 10784—2020）］。罐头食品以品种多、口味独特、保质期长和食用方便的特点，受到消费者追捧。随着人们生活质量的提高、饮食结构的改善，人们对方便食品的要求越来越高。

水果是大家日常摄取的食品，它能够为我们身体补充充足的维生素，而且含有丰富的膳食纤维，具有预防和改善人体便秘功效，最重要的是水果多汁，且大部分甜而爽口，能刺激人体食欲和补足水分。但是水果的缺点是易腐烂、难保存，难以保持其原有的新鲜度。而将水果通过加工制成水果罐头可以很好地延长其保质期，并且在水果本身的基础上，可以增添新的风味物质和营养物质。

（一）简介

菠萝罐头在市面上一直受到大众的欢迎（图 5－10）。菠萝果肉水分含量高，pH 低，与其他水分含量高、酸含量低的水果相比，不利于腐败微生物生长，并且菠萝常以新鲜的形式被食用，所以容易被加工成各种商业产品。

图 5－10　菠萝罐头

（二）原理

菠萝罐头产品制作是以新鲜（或经冷藏）的成熟菠萝为原料，经去皮通芯、修整、切片（块）等预处理（或直接以半成品罐装菠萝为原料），经装罐、添加糖水或菠萝原汁、排气、密封、杀菌而制成的罐头食品［《菠萝罐头》（GB/T 13207—2011）］。菠萝罐头在排气或抽真空之前，通常要加入含 20%～24%可溶性固形物的糖浆，然后对罐头进行杀菌处理，再进行冷却。罐装菠萝的 pH 很低，因此保质期很长。菠萝罐头通常用来制作开胃菜、主菜、沙拉、配菜、饮料和甜点。

（三）工艺流程

菠萝罐头加工工艺如图 5 - 11 所示。

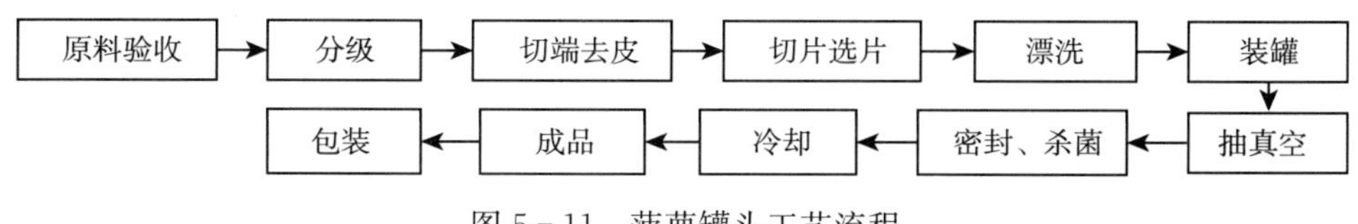

图 5 - 11　菠萝罐头工艺流程

1. 操作要点

（1）原料验收。选择果实端正，无影响外观的果瘤及肉芽，果眼发育良好，无裂口，果面洁净，允许有外表缺陷但其占总表面面积不超过 5%，可溶性固形物大于 11%的新鲜菠萝［《菠萝》（NY/T 450—2001）］。

（2）分级。分级主要是按果实大小来分。要求无严重跳级现象，且不损伤果肉。

（3）切片选片。菠萝切片包括整片、扇形块、长块、方块、长条、碎块等规格。整片是将分好级的圆筒形菠萝原料进行去果皮、果芯、果眼等操作，并切成片状，包括全圆片、旋圆片和雕目圆片。全圆片是将整个圆柱形菠萝的轴向横切而成；旋圆片是用有螺旋形沟纹的圆柱形菠萝的轴向横切而成；雕目圆片是用果目位置有凹陷的圆柱形菠萝的轴向横切而成。将整片等分的切块，果边允许有雕目沟纹。其中，小扇块是用直径为 63～83 mm、厚度为 8～18 mm 的旋圆片（或雕目圆片）切成 1/10、1/12、1/14、1/16 的有少量沟纹的小块［《菠萝罐头》（GB/T 13207—2011）］。

（4）装罐。果片装罐要求排列整齐，要求罐头成品固形物含量不低于净重的 55%～60%，并留有 6～8 mm 的顶隙。杀菌后果肉的减重率一般为 10%～15%。糖水浓度采用 30%～40%，糖水温度 80～85 ℃。

（5）抽真空、密封、杀菌。加糖水后可进行抽真空，真空度为 78.9～84.2 kPa，时间为 2～3 min，并在达到 80～85 ℃之后密封，杀菌温度为 100 ℃，时间为 25 min。

（6）冷却。必须分级冷却，不能直接放于空气中冷却，因罐头内部与外界温差太大，容易造成炸罐。故第一级冷却在 80 ℃水中 10 min 左右，再进行第二级冷却，第二级冷却在 60 ℃水中 10 min，之后才能在空气中冷却，这样才不致炸罐（谢文芝，1997）。

（7）包装。容器封装前后适当采取热处理进行杀菌以防变质。

2. 影响菠萝罐头品质因素

（1）真空度。罐头真空度是罐头品质是否完好的指标之一，正常罐头的真空度一般为 27～50 kPa。罐头真空度是罐内气压与罐外气压之差。影响菠萝罐头真空度大小的因素很多，如加热的温度和时间，密封温度，杀菌温度，菠萝原料情况，顶隙和罐型大小，环境气温和气压等。罐内真空度越高，对应顶隙越大，净重较低，产品的氧化圈就越多，产品质量就越差（王建成，2010）。抽真空处理及密封可以使罐内食品与外界隔绝，维持真空状态，防止外界微生物侵染。通过采用人工或机械的作用达到密封罐头的效果，方法有卷封式、螺旋式、旋转式、套压式等。若用马口铁罐密封，则使用封罐机进行卷封形成二重卷边，达到密封的目的。

（2）微生物指标。对于罐头食品而言，微生物的数量是评价其品质的一个重要因素。菠萝罐头属于酸性食品，一般采用 100 ℃以下的温度杀菌，即常压杀菌。其中杀菌时间取决于菠萝原料微生物污染程度、装罐罐型、包装材料等因素，杀菌目标为菠萝罐头内微生物指标符合罐头食品商业无菌指标，即食品经适度热力杀菌后，不含有致病性微生物，也不含有在通常温度下能在其中繁殖的非致病性微生物。

（3）可溶性固形物含量。对于菠萝罐头而言，可溶性固形物指的是糖水浓度。开罐时糖水浓度在 10%～14%为低浓度，14%～18%为中浓度，18%～22%为高浓度，22%～35%为特高浓度［《食品安全国家标准　罐头食品》（GB 7098—2015）］。糖水浓度的高低决定了菠萝罐头的口感风味，过多的糖水浓度使罐头尝起来更易发腻。测量可溶性固形物含量常用折光仪法，光线从一种介质进入另一种介质时会产生折射现象，且入射角正弦之比恒为定值，此比值称为折光率。果蔬汁液中可溶性固形物含量与折光率在一定条件下（同一温度、压力）成正比，故测定果蔬汁液的折光率，可求出果蔬汁液的浓度（含糖量的大小）。常用手持折射仪蘸取罐头溶液进行测定。掌控好合适的可溶性固形物含量能有助于罐头品质提升。

（4）温度。少量的菠萝蛋白酶被人体食用后会被胃液分解，多数人不会有特别反应，但对于少数过敏体质者，则会在食用后不久，产生腹痛、腹泻、头晕、头痛等症状，严重者还会休克昏迷。而菠萝罐头排气时控制温度最高在 100 ℃，该温度下菠萝中的蛋白酶会发生变性，从而失去其原本生物活性，并且能杀灭绝大部分有害菌，也就是说温度的控制不仅可以杀灭有害病菌，同时也可以提升菠萝产品的品质。不选择更高的温度是因为过高的温度会导致菠萝里其他优质蛋白酶变性而使得更多的营养价值流失。

（四）质量指标

1. 原料

生产菠萝罐头的菠萝应该满足完整、完好、干净、无异味、无病虫害及机械损伤的基本要求，达到适宜的成熟度，即果肉中可溶性固形物至少为 12 %，表皮缺陷占总面积不超过 8%，果肉无损伤，无色泽缺陷［《菠萝法典标准》（CXS 182—1993）］。

2. 产品

菠萝罐头应有该菠萝品种的色泽，具有正常的风味、气味和优良的质地，瑕疵少、没有破损和过度修整，抗氧化剂（二甲硅油）最大使用量为 10 mg/kg，Pb 最大限量为 1 mg/kg。Sn 最大限量为 250 mg/kg，在对产品进行抽检时应无可能危害健康的微生物、寄生虫和微生物源产物（CODEX STAN 42—1981）。

（五）小结

由于我国市场偏好，未来一段时间仍是以鲜果菠萝产品为主（金琰，2021）。但中国是发展中国家水果罐头和蔬菜罐头的主要供应国，研究菠萝罐头的加工原理不仅有助于提升菠萝罐头的风味和减少菠萝罐头的加工成本，使得国产的菠萝水果罐头在国际上更具竞争力，而且也能拉动我国相关菠萝产业的发展。

四、菠萝脱水制品

菠萝干和菠萝浓缩汁是大块、切片的菠萝或果汁经过脱水使水分剩下约5%的菠萝制品，这可以使菠萝产品保质期更长，在密封容器或袋子中包装时或在低温下保存都能进一步延长其货架期（图5-12）。菠萝干是一种低脂、低热量的健康食品，内含丰富的有机酸、维生素和蛋白酶，不仅美味，还具有增强免疫力、增强食欲等许多生理功效。菠萝干加工方法根据温度可划分为热干燥法和冻干法，其本质是脱去菠萝原料中的水分，从而延长产品保质期，但不同的脱水方法会导致菠萝品质的不同变化。

图5-12　菠萝脱水制品

（一）简介

目前我国的水果干燥方法可以分为两大类：一类是利用自然条件干燥（如晒干和阴干）；还有一类是人工干燥，具体分为传统干燥技术、新型干燥技术和联合干燥技术。我国传统的自然干燥存在过程缓慢、易受污染、产品容易变色、对维生素类营养物质破坏较大等缺点（毕金峰 等，2010），因此对大规模的水果产品加工常采用人工干燥。

（二）原理

在菠萝干燥前常先进行渗透脱水处理，通过渗透作用在糖或盐溶液中对水果进行部分脱水，在这个过程中，水果通过渗透作用会减少到原来重量的50%，之后再对水果进行其他脱水操作。脱水方法一般常用热干法和冻干法。热干法是指干燥产品所需的热量由与其接触的热空气提供，按方法可分为热风干燥、喷雾干燥、对流干燥、微波干燥、太阳能隧道干燥等。热干法具有干燥速率快、能耗低等优点，但是干燥后的产品易变形变硬，品质较低。冻干法指冷冻干燥产品，冷冻干燥是一种先将产品冷冻，然后在低压和低温下通过升华去除冰晶的过程。与其他干燥方法相比，冷冻干燥产品通常具有疏松多孔、复水性良好和品质更佳的特点，但其缺点是设备投入和运行成本高。

（三）工艺流程

菠萝干加工工艺流程如图5-13所示。

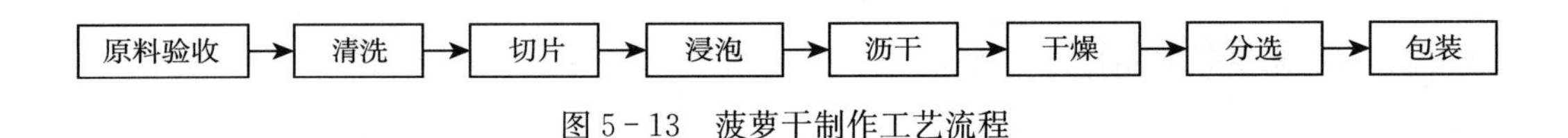

图 5 - 13　菠萝干制作工艺流程

1. 操作要点

（1）原料验收。选择果实端正，无影响外观的果瘤及肉芽，果眼发育良好，无裂口，果面洁净，允许有外表缺陷但其占总表面面积不超过 5%，可溶性固形物大于 11%的新鲜菠萝［《菠萝》（NY/T 450—2001）］。

（2）切片。将分好级的圆筒形菠萝原料进行去果皮、果芯、果眼等操作，并切成片状，包括全圆片、旋圆片和雕目圆片。全圆片是将整个圆柱形菠萝的轴向横切而成；旋圆片是用有螺旋形沟纹的圆柱形菠萝的轴向横切而成；雕目圆片是用果目位置有凹陷的圆柱形菠萝的轴向横切而成。将整片等分的切块，果边允许有雕目沟纹。其中，小扇块是用直径为 63～83 mm、厚度为 8～18 mm 的旋圆片（或雕目圆片）切成 1/10、1/12、1/14、1/16 的有少量沟纹的小块［《菠萝罐头》（GB/T 13207—2011）］。

（3）浸泡。在干净容器内加入温水和适量的盐，制成淡盐水，然后将切好的菠萝放入淡盐水中浸泡，目的不仅是为了钝化菠萝中的蛋白酶，还可以破坏其中的草酸钙结晶，减少菠萝的“扎嘴感”，增添菠萝产品的风味，并且可以利用渗透压差先脱去菠萝中的一部分水分。

（4）干燥。干燥菠萝中的水分，根据菠萝产品所需要的软硬程度和品质要求，采取热干法或者冻干法进行脱水。

（5）分选。挑选干燥后色泽好、无明显缺陷的菠萝干。

（6）包装。采用食品包装袋包装，外观平整无褶皱、无异味。

2. 影响质量因素

（1）干缩。当菠萝的固体基质不能再支撑其重量时，就会发生干缩，导致体积减小、孔隙率下降和颜色变化。干缩的程度与菠萝的种类、干燥方法及条件等因素有关。一般类似菠萝这种含水量多、组织脆嫩的水果干缩程度很大。但是与一般的干燥制品相比，冷冻干燥制品几乎不发生干缩。对于热风干燥，高温干燥比低温干燥所引起的干缩更严重；缓慢干燥比快速干燥引起的干缩更严重。

（2）温度。干燥温度是影响菠萝产品品质的重要因素，使用热干法干燥菠萝干，空气干燥过程中的高温会影响干燥产品的质量，这是因为干燥温度高于玻璃化转变温度（Tg），干燥物料会进入橡胶态，并发生实质性的收缩。相比之下，如果干燥温度低于 Tg，干燥物料处于玻璃态，这时的材料是多孔的，干缩可以忽略。据报道，在水果脱水过程中也会出现表面硬化、孔隙形成和开裂等其他品质变化。

（3）复水性。复水性是新鲜果蔬食品干制后吸水恢复原来新鲜程度的能力，通常用重量的增加程度表示，一般干制品复原到新鲜状态的程度越高，干制品质量越好。干燥后在原料表面附近形成的孔隙、毛细血管和空洞可增强复水性。真空冷冻干燥过程中菠萝中的水分以冰晶态升华汽化，其组织结构保持比较完整，且冰晶升华后会在其原位置形成小孔并形成疏松结构，提高其复水效果。故冷冻干燥产品通常复水性较好。

（4）褐变。菠萝在加工过程中发生的酶促褐变和非酶褐变是影响菠萝干外观和品质的重要因素。酶促褐变是天然底物酚类物质在有氧条件下由多酚氧化酶作用导致的（龚意辉 等，2021）。该反应过程会产生黑色素，使得菠萝干产品外观色泽变暗，并且在一定程度上影响风味。非酶褐变是指没有酶参与的一类褐变。非酶褐变主要有三种类型，即美拉德反应褐变、焦糖化褐变和抗坏血酸氧化褐变。非酶褐变也会影响菠萝干的外观色泽和营养价值。

（5）干燥方法的影响。

①热干法。

A. 热风干燥法。热风干燥的菠萝干常存在成品色泽暗黄和干缩程度大的特点。热风干燥时的温度过高，菠萝会发生美拉德反应，糖类的热降解会产生含呋喃的化合物质如糠醛（Capone et al.，2011）。并且水果在热风干燥后，核苷酸、有机酸和蛋白质等非挥发性风味物质均有一定程度的降解（Vejaphan and Hsieh，1988）。低干燥温度是保存颜色、维生素 C 含量的最佳方法（Vieira et al.，2012）。热风干燥菠萝具有成本低、易操作、干燥速度快、可连续大量干燥的优点，目前广泛用于菠萝干燥产品加工。

B. 微波干燥技术。该技术的主要优点是它能够快速干燥产品（Sagar and Suresh，2010）。微波通常与传统的干燥技术结合，以获得更好的干燥效率。由于微波干燥的导热方向是与水分扩散方向相同，使得微波干燥不同于传统的干燥方法。由于微波干燥容易使乙醇脱氢酶的活性下降，这会导致菠萝中的醇类物质含量下降，微波还能够促使物料中的香气前体物质进一步转化，有利于酯类化合物的生成（鲁周民 等，2010）。但微波干燥的温度高也易导致菠萝内部发生 Strecker 降解、美拉德反应和脂质氧化（Hatanakaa，1993）。总的来说，微波干燥具有高效、避免膨化、加热均匀、易控等特点。

②冻干法。冷冻干燥食品是具有高附加值的产品，因为它们在加工过程中使用低温，因此保留了大部分原始营养。然而，与通过其他技术干燥的产品相比，其成本要高得多（Vieira et al.，2012）。目前流行的冻干法无可避免地会对果蔬造成一定的结构损伤和渗透性损伤，这是因为在快速冷却速度下，细胞完全脱水的时间有限，并形成大量的小冰晶，导致其原本的组织结构破坏，水渗透性低的细胞尤其明显。而在缓慢冷冻状态下，冰晶在细胞外空间缓慢形成，细胞内自由水在渗透压作用下从内扩散到外空间，引起细胞收缩。

真空冷冻干燥。利用冰晶升华原理使得样品冷冻成固态，然后在真空状态下使其中的水直接从固态升华成气态，通过解吸过程除去部分结合水，使物料脱水以便长期贮存的一种干燥方法被称为真空冷冻干燥（莫一凡 等，2020）。与其他干燥方式相比，真空冷冻干燥能更好地减少抗氧化活性成分的损失，而抗氧化剂类黄酮的含量与脂质氧化时的挥发性化合物含量有关（Inglett et al.，2015）。也就是说真空冷冻干燥技术能更好地保护热敏性及易氧化的风味物质，有效抑制微生物生长等，但该技术也具有成本高、耗能大、效率低的缺点。

（四）质量指标

（1）原料。生产菠萝干的菠萝应该满足完整、完好、干净、无异味、无病虫害及机械损伤的基本要求，达到适宜的成熟度，即果肉中可溶性固形物至少为 12%，表皮缺陷占总面积不超过8%，果肉无损伤，无色泽缺陷［《菠萝法典标准》（CXS 182—1993 ）］。

（2）产品。菠萝干外观整齐、无虫蛀、霉变，有菠萝干该有的深黄色色泽，具有菠萝的特征香气，无异味，每100 g水分低于35 g，总酸低于6 g，含Pb量低于0.9 mg/kg，在对产品进行抽检时应无可能危害健康的微生物、寄生虫和微生物源产物［《水果干制品》（Q/HSSHZ 0002 S—2021）］。

（五）小结

菠萝干是一种健康营养美味的水果制品，其独特的风味和口感成为许多消费者不二之选，我国菠萝产量逐年上涨，对于菠萝产品需求量不断增加，产业规模不断扩大。通过研究菠萝干的风味，可以推动菠萝干产业的发展。菠萝干中含有丰富的有机酸、氨基酸、微量元素，还有多糖、生物碱等生理活性成分，具有一定的保健功能，研究其加工方式可对菠萝干质量有巨大的提升作用。

五、菠萝果酒

（一）简介

菠萝中含有的糖分、蛋白质、维生素和矿物质都是酵母繁殖和发酵的营养成分，因此菠萝是适合酿酒的原料。菠萝果酒营养丰富，含有酒精、酯类等挥发性物质及矿物质元素，其营养价值和药用价值同葡萄酒不相上下。同时菠萝果酒（图5-14）作为菠萝的深加工方向，推动了菠萝产业的发展，具有极高的经济价值。

图5-14　菠萝果酒

（二）酒精发酵

发酵酒中的酒精是通过发酵而来，酵母通过糖酵解途径（EMP）将葡萄糖分子转变成丙酮酸，丙酮酸又经过乙醛途径转变成乙醇和CO_2，并释放出热量。这就是酵母的酒精发酵。酒精发酵的主产物是乙醇、CO_2。

酒精发酵还产生一些副产物，如甘油、乙醛、乙酸、双乙酰、高级醇和酯类物质。这些副产物在一定的浓度范围内会对发酵酒的口感和香气产生有利的影响。

（三）微生物种类及相互作用

菠萝果汁从压榨开始，在和外部设备（压榨机、泵、输料管道、发酵容器）以及空气的接触中会吸附许多微生物，其中包括非酿酒酵母、酿酒酵母、乳酸菌、醋酸菌和霉菌等。这些微生物相互作用，共同参与酒精发酵，对产品的质量产生了一定的影响。

入罐后的果汁中数量最多的微生物是非酿酒酵母，即使在低温下（10 ℃）也能繁殖，其活动结果产生了特定的酯类物质。随着温度的升高、酒精度的升高，非酿酒酵母不再占主导地位，此时酿酒酵母大量繁殖直到完成整个酒精发酵过程。酒精发酵过程中，乳酸菌的数量急剧降低，随着发酵的进行，酿酒酵母进入平衡期和衰退期，乳酸菌（片球菌、植物乳杆菌、酒球菌）开始繁殖，数量急剧上升，分解果汁中的残糖、柠檬酸、氨基酸等物质，产生乙酸、生物胺等对产品质量不利的物质。最后出现的是腐败微生物及细菌，如醋酸菌，可以将酒精转化为乙酸进而形成乙酸乙酯，导致菠萝酒腐败。

（四）生产工艺

基于果汁中微生物繁殖的特点，必须对果汁中的不良微生物加以控制才能更好地完成发酵过程，并避免乳酸菌、醋酸菌等腐败微生物的活动。

1. 操作要点

（1）原料的处理及取汁。菠萝原料经过清洗、干燥、去皮后进入连续式压榨机中取汁。取汁过程中加入 60 mg/L 的偏重亚硫酸钾。

（2）果汁澄清及成分调整。罐满后均质，取样检测理化指标，添加 $KHCO_3$ 调整 pH 在 3.3～3.5，还原糖 200 g/L 左右，然后添加复合果胶酶 50 mg/L，PVPP 0.4 g/L，溶菌酶 500 mg/L，在 10 ℃下沉淀 24～48 h，检测浊度在 150 NTU 时分离沉淀，取清汁发酵。

（3）酵母复水活化。酵母 QA23 的添加量为 300 g/t，称取所需质量的酵母，量取酵母重量 10 倍的纯净水，加热至 40～45 ℃。将酵母缓缓倒入温水中，静置 5 min 后搅拌帮助其均匀扩散在水中，同时加入酵母重量 1/5 的白砂糖。通入洁净的空气或者搅动液面增加氧含量，用果汁给酵母液缓慢降温，等待酵母体积变大，产生大量泡沫后加入发酵罐中。

（4）酒精发酵。添加酵母后不做均质，让酵母适应发酵环境。此时检测酵母菌可同化氮（YAN）含量，入罐 24 h 后，结合开放式循环，用磷酸二铵（DAP）和有机发酵助剂按照 3∶1 的添加比例调整 YAN 含量在 250～300 mg/L，控温发酵，温度控制在 16～18 ℃，比重衰减到 1 050～1 060 时根据香气表现（是否产生硫化氢）做一个开放式循环，同时刺激酵母的活性。一直到比重不再降低（干型酒）或者比重、残糖降低到要求的数值（半干、半甜、甜型酒），满罐贮存。干型酒降温到 10 ℃以下，一周后调硫。其他酒降温到 0 ℃，皂土下胶或者转罐排酒泥后调整游离二氧化硫含量在 40～45 mg/L。

（5）低温贮存及分离。贮存期间控制罐温度在 10 ℃左右。此时视液面起泡和酒体澄清情况，可添加溶菌酶（250～500 mg/L），每半月做一个封闭式循环或者搅拌酒脚一次促进酵母自溶释放多糖。分离前的一个月不搅拌酒脚。3 个月以后即可分离酒脚。

（6）口感调整。菠萝酒因酸度较高，干型酒一般表现为酸感很强，不协调。因此需要用蔗糖、浓缩苹果汁或者葡萄汁调整口感，达到酸甜协调。

（7）热稳定性检测。取酒样少许，用 0.45 μm 的滤膜过滤后装入 5 支试管中，置于 80 ℃的水浴锅中保持 6 h，取出后置于室温下，观察是否有絮状物或者片状物出现。如果有，说明酒中含有大量的蛋白质，需要做皂土下胶试验。

（8）皂土下胶预试验。称取 5 g 皂土用 100 mL 蒸馏水融化、过夜。第二天取 100 mL 酒液 6 份，分别按 0.3 g/L、0.4 g/L、0.5 g/L、0.6 g/L、0.7 g/L、0.8 g/L 的梯度做下胶试验，过夜。第三天用 0.45 μm 的滤膜过滤后再次进行热稳定试验，并选择没有沉淀的最小的皂土添加量，即为大罐内皂土下胶的用量。

（9）皂土下胶。根据实验室提供的皂土用量标准，准确称取皂土的量，用 20 倍纯净水融化，按照50 mg/L的用量添加偏重亚硫酸钾，过夜。第二天待皂土呈酸奶状、无结块，即可使用文氏管循环下胶，稍作循环，静止沉淀。

（10）过滤。检测NTU≤50即可过滤，第一次使用15～20 μm的纸板进行过滤，第二次使用0.45 μm的滤膜或纸板进行过滤。

（11）装瓶。清洗灌装机，90 ℃热水流动杀菌30 min，洗瓶用蒸馏水，配制成500～1 000 mg/L偏重亚硫酸钾水，用0.25 μm的滤膜过滤后循环使用。用绝对精度0.45 μm的滤膜进行过滤后装瓶。

2. 菠萝酒发酵注意要点

菠萝经过压榨取汁后，先用果胶酶、二氧化硫处理，然后调节发酵条件如下：糖度在200 g/L左右，游离硫控制在25～30 mg/L，浊度控制在150～200 NTU，YAN为300 mg/L，发酵前使用溶菌酶净化发酵环境，发酵温度控制在16～18 ℃，发酵结束后带酒泥陈酿3～6个月，分离酒泥后下胶过滤满罐贮存，然后灌装进入瓶贮阶段。

3. 菠萝酒的质量标准

成品菠萝酒为浅黄色，澄清透明有光泽，香气浓郁，新酒有典型的品种香气及热带水果的香气，陈年后带有蜂蜜、槐花、奶油的香气，口感上酸甜平衡，圆润厚实，具体理化指标如表5-5所示。

表5-5　成品菠萝酒的理化指标范围

项目	指标
酒精度	10%～12.5%（V/V）
滴定酸	8～10 g/L
pH	3.0～3.6
残糖	30～40 g/L
挥发酸	≤0.6 g/L
微生物及金属离子	达到国标的规定

（五）小结

果酒是指水果经过部分或完全发酵制成的酒精饮料，含有维生素、糖、酸、必需元素和酚类等物质。这些酒精饮料可以作为人类饮食的重要补充，有助于促进食物的消化和吸收，满足消费者的感官体验。热带地区生产的水果保质期短，必须立即食用或采用有效的保鲜方法来延长货架期。

在发达国家，大量的热带水果被用于加工，但在发展中国家，由于贮藏和加工技术的不成熟导致相当大的采后损失，估计高达30%～40%，菠萝也不例外。利用菠萝或菠萝加工过程中的副产物来生产果酒，可以实现产品的增值。建立菠萝果酒酿酒厂不仅可以创造更多的就业机会，还能促进水果价值链的延伸，有效推动当地社会和经济的发展。与生产成本和产品类型相比，生产技术的实用性是决定菠萝果酒产业化的最重要因素。未来有必要对不同品种菠萝的果汁理化性质和挥发性香气成分进行适宜性评价，从种植、管理、收获和加工等多个方面筛选适合果酒生产的菠萝品种；同时，也要加强菠萝果酒在促进人体健康方面的科学研究，从消费端刺激或者引领果酒的消费。

六、菠萝白兰地

（一）简介

菠萝果酒行业对于菠萝的利用率只有50%左右，菠萝皮渣和果肉中含有和菠萝果汁相近的营养成分且香味突出，因此可用菠萝的果渣发酵，进而蒸馏成白兰地（图5-15）。无论是菠萝果渣白兰地还是菠萝白兰地，因其独特的口感，深受市场欢迎。

图5-15　菠萝白兰地

（二）生产工艺

1. 菠萝果汁生产白兰地

菠萝果汁生产白兰地工艺如图5-16所示。

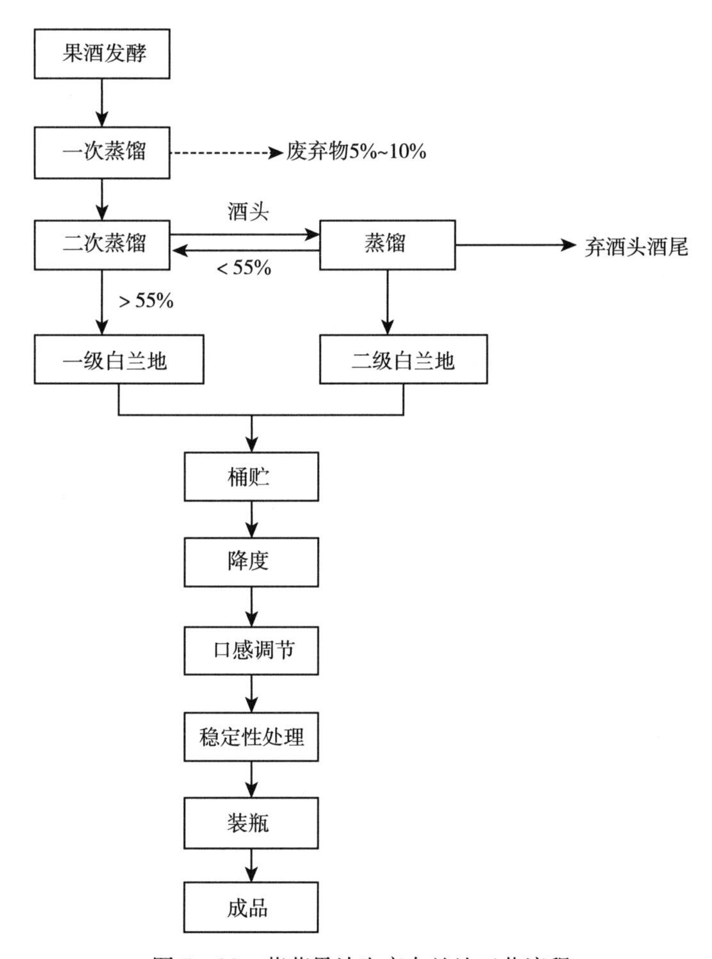

图5-16　菠萝果汁生产白兰地工艺流程

（1）取汁。菠萝清洗、控干水分、去皮、切块后进入连续式压榨机中取汁。

（2）澄清。果汁保持满罐，降温至 13 ℃，添加 PVPP 0.5 g/L 去除一些小分子多酚类物质，澄清后取清汁发酵。

（3）酵母复水活化。酵母 FC9 的添加量为 200～300 g/t，称取所需质量的酵母，量取酵母重量 10 倍的纯净水，加热至 40～45 ℃。将酵母缓缓倒入温水中，静置 5 min 后搅拌帮助其均匀扩散在水中，同时加入酵母重量 1/5 的白砂糖。通入洁净的空气或者搅动液面增加氧含量，等待酵母体积变大，产生大量泡沫后加入发酵罐中。

（4）酒精发酵。添加酵母后不做均质，让酵母适应发酵环境。检测 YAN 含量，用 DAP 及有机发酵助剂按照 3∶1 的添加比例调整 YAN 含量在 300 mg/L，控温发酵，温度控制在 22～25 ℃，根据发酵时香气表现（是否产生硫化氢）做一个开放式循环，同时增加酵母的活性。一直到比重不再降低，满罐贮存，降温到 0 ℃。原酒理化指标大致为：酒精度 6%～10%，残糖≤2 g/L。

（5）白兰地的蒸馏。将发酵结束的菠萝原酒满罐贮存几个月后既可以开始蒸馏。带不带酒脚对菠萝白兰地最终的口感影响不大。

①先将预热器中装满原酒，打开预热器与蒸馏器之间的进料阀门使原酒自动流入蒸馏器中，然后关闭进料阀门，再将预热器中装满一定体积的原酒，关闭进酒泵。

②关闭蒸馏器上的液位计和预热器上的旁通开关，打开预热阀，打开蒸汽进气阀，控制蒸汽压力在 2 942～3 138 kPa，温度达到 50 ℃时打开预热阀，温度达到 80 ℃时打开冷凝水开关。

③蒸馏器中的液体开始沸腾时，减少蒸汽压力到 1 765 kPa，当预热器温度达到 60 ℃时打开旁通阀，关闭预热阀。

④第一次蒸馏可以不区分酒头、酒尾，将所有蒸馏酒集中起来，当酒精度为 5%时停止接酒，1%～5%的酒可以收集起来或停止蒸馏，舍弃（此段酒的蒸馏能耗非常大，可根据实际情况决定）。第二次蒸馏：当所有原酒第一次蒸馏结束后，用蒸馏水将第一次蒸馏的低度酒稀释到 28%～29%，静置，等待杂醇油的析出，可用滤膜进行一次过滤去除杂醇油及高级脂肪酸等影响酒质的物质，然后可进行第二次蒸馏，方法参照第一次蒸馏。

⑤酒头、酒尾的切取。根据口感切取酒头，总酒精含量的 1%～2%为酒头，单独收集。当酒精度降到 55%时，一级白兰地收集完成，1%～55%以后的作为酒尾单独收集。酒头和酒尾可以混合起来再次蒸馏，收集二级白兰地，蒸馏二级白兰地收集的酒头酒尾可作为提取工业酒精的原料。

（6）入桶陈酿。蒸馏后的白兰地经过理化指标的检测，达标后即可入橡木桶。一般使用旧桶，新桶要经过二级白兰地的驯化后才可使用。

（7）白兰地的降度。白兰地降度需要使用纯净水或者反渗透水，硬度过大的水中含有钙镁离子，可使白兰地出现浑浊，影响销售。白兰地的降度幅度可以每次降低 7%～8%，每半年降度一次，降度后继续入桶使酒精和水融合。

（8）白兰地的调配。白兰地的调配可以是不同桶之间的调配，也可以是不同酒龄之间的调配，调配好的白兰地经过口感、颜色的调整最终达到 40%～42%的酒精度，具有优雅细腻的果香和和谐的橡木香，口味甘洌，醇美无瑕。

(9) 白兰地的稳定性处理。将调配好的白兰地降温到－16～－14 ℃，保持 72 h，趁冷过滤。

(10) 回温、灌装。将过滤后的白兰地回温（20～25 ℃），然后灌装。

2. 菠萝皮渣生产白兰地

取汁后的菠萝皮渣中还含有大量的糖，还可发酵成酒，进而蒸馏成菠萝皮渣白兰地，达到物尽其用。

(1) 取汁和发酵。将菠萝皮渣和反渗透水按照 1∶5 混合，添加白砂糖调节糖度在 150～200 g/L，添加酒石酸调节酸度在 6～7 g/L，然后按照上文中发酵菠萝果汁的方法添加酵母发酵，待皮渣升起后每天压帽两次，或做封闭式倒罐，浇湿皮渣，直到发酵结束。

(2) 蒸馏、降度、调配及罐装。将发酵结束后的混合物循环均匀，泵入可蒸馏皮渣的蒸馏器中，之后的蒸馏及后续处理等操作同菠萝果汁生产白兰地工艺。

3. 菠萝白兰地的质量标准

企业所生产的白兰地应符合《白兰地》（GB/T 11856—2008）中对于理化指标的要求。成品酒，具有浅金黄色到赤金黄色的色泽，澄清透亮，具有光泽，果香、花香、橡木香协调，无杂味，优雅浓郁，醇和、甘洌、细腻、绵柔。

（三）小结

菠萝白兰地分菠萝果汁白兰地和菠萝皮渣白兰地。菠萝果汁经压榨后，不调硫不降酸，利用其天然高酸的特点抑制微生物的生长。经过简单澄清后立即发酵，酒精发酵结束后进行蒸馏。可用夏朗德壶进行两次蒸馏，也可以用连续式蒸馏，一次既得高度原白兰地。酒头、酒尾可以进行二次蒸馏，获得二级白兰地。

原白兰地稀释到 68°～70°即可入桶，经过缓慢的稀释与降度，最终成品酒精度在 40%～42%。成品白兰地经过不同橡木桶、不同酒龄之间的调配，达到对应的质量标准后即可降温到－16～－14 ℃，保持 72 h，趁冷过滤，去除脂肪酸，回温后即可灌装。

七、菠萝果酿（啤）

（一）简介

果酿（啤）又称为水果啤酒混合饮料，它既具有啤酒的营养与芳香，又有较低的酒精度和果香的口感，可满足不同消费者的感官需求和消费体验，年轻人尤为喜爱。我国果啤的发展大体经历了果味啤酒（啤酒稀释后加入一定量的白砂糖和柠檬酸，再加入一定量的果味香精制成，如图 5－17 所示）、果汁啤酒（啤酒中加入了浓缩果汁或鲜果汁）和果酿啤酒（在啤酒发酵过程中添加新鲜的果汁酿造而成）三个阶段（苗方 等，2010）。果味啤酒是通过添加果味香精，因而普遍存在水果口感融合程度差的缺点；果汁啤酒是将果汁和啤酒基酒进行一定比例的勾兑，从而赋予啤酒水果口味，果汁并

图 5－17　菠萝果啤

未参与发酵，产品的口感融合度仍欠佳；果酿啤酒，果汁参与整个或部分发酵过程，水果口感和啤酒口感融合程度好，更加突出水果的口感和香味（王松廷，2016）。随着人们对绿色健康食品的追求，果酿型啤酒逐渐进入消费市场。

目前市场上菠萝啤酒品种很多，但真正意义上的果酿产品缺乏，几乎都是调配而成，即在啤酒中加入一定的香精、果葡糖浆和柠檬酸或果汁等调配而成，这种调配型产品香精的味道不能很好地与啤酒的风味达到协调，造成香精味过冲，产品的协调性和柔和性差。且菠萝香精大多是合成的，从健康的角度出发，不太被消费者接受和认可。因此，有必要开发一种直接将菠萝果汁与麦汁或嫩啤酒混合发酵，以获得口感协调，具有菠萝典型香气特征，且营养价值高的果酿啤酒，这不仅能给消费者带来新的产品，也能实现对菠萝附加值的提高。广州珠江啤酒股份有限公司开发出具有典型菠萝香气的菠萝果啤精酿产品（一种菠萝果啤及其制备方法，申请号 CN 202 110 200 178.0），基于气质联用（Gas chromatography - mass spectrometer，GC - MS）和气相离子迁移谱（Gas chromatography - ion mobility spectrometry，GC - IMS）技术构建了菠萝果啤挥发性香气成分的指纹图谱，初步筛选出菠萝果啤中关键香气成分（Yang et al.，2021；Gong et al.，2022），在菠萝果啤研究方面处于国内领先水平。下文对菠萝果啤的酿造工艺和品评特征进行了介绍，以期为菠萝果啤的生产提供理论基础和技术支持。

（二）菠萝果酿生产工艺

1. 工艺流程

菠萝果酿（啤）生产流程如图 5 - 18 所示。麦芽粉碎后，经糖化作用，将麦芽中的不溶性高分子物质（如淀粉、蛋白质、半纤维素及其中间产物等），逐步分解为可溶性的低分子物质。将得到的糖化醪液升温过滤，并洗糟，将麦汁和麦糟分离。再将得到的麦汁进行煮沸，煮沸过程添加酒花，使麦汁获得一定苦味。煮沸结束后，澄清，以去掉热凝固物。之后，再进行冷却，冷却过程对麦汁进行充氧，并添加酵母。麦汁在酵母的作用下，可发酵性糖不断地被利用，生成酒精和 CO_2，同时生成多种风味物质（主发酵）。主发酵结束后，对得到的嫩啤酒进行后储（即成熟），使酒中的 CO_2 不断饱和，双乙酰、乙醛、硫化氢等挥发性风味物质不断被排除，口感更加纯净，同时对啤酒的澄清也起很大的作用（管敦仪，1999）。根据实际成品啤酒的货架期，可安排对成熟后的啤酒进行离心、过滤，彻底去除酵母和大分子蛋白质等物质，确保啤酒的生物和非生物稳定性。

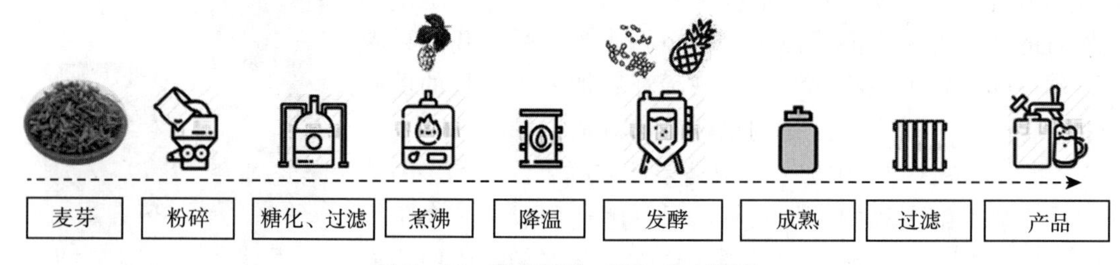

图 5 - 18　菠萝果酿（啤）生产流程

（1）原料。啤酒酿造的主要原料为大麦麦芽、酒花、水和酵母。麦芽为酵母提供可发酵性糖和代谢必要的氨基酸等物质，同时麦芽对啤酒的泡持性和非生物稳定性也有较大影响。为了与菠萝果汁本身的颜色匹配和协调，建议菠萝果酿采用淡色麦芽为主，也可适当加入小麦和小麦麦芽或者大米等辅料。果酿型啤酒采用果汁为部分原料，提供水果香气的同时，提供部分可发酵性糖和酸感。酒花为啤酒主要提供苦味、香气，同时对啤酒的生物和非生物稳定性有一定的影响。为了与菠萝果汁的香气协调，菠萝果啤的酒花添加量不能太大，要控制苦味值，要注意麦汁煮沸时酒花的添加时间，即酒花煮沸时间不能太长，同时在酒花的选择上也要做一定的筛选。酵母选择方面，建议选择发酵速度不是很快的酵母，采用低温发酵，避免果汁香气转化和损失过快，同时要注意酒精度和酸度快速增加的问题。

（2）果啤的主要影响因素

①麦芽的影响。麦芽的性质决定啤酒的性质。麦芽的特性是由多种酶共同作用的结果。一般说来，用于菠萝果啤的麦芽选择浅色麦芽作为基础麦芽会更加合适，麦芽的香气与菠萝果汁和发酵副产物的香气会比较协调。选择时，可选择蛋白质含量稍高，酶含量相对低的麦芽，以控制可发酵性糖的比例。由于全麦啤酒多酚含量较高，采用全麦麦汁配方生产的菠萝果酿会有较强的涩感。因此，建议采用一定辅料，如大米或玉米淀粉。麦芽粉碎时，也不可过于细，避免麦皮中的多酚释放出来导致涩感。

②酒花的影响。酒花最重要的作用是赋予啤酒一定的苦味和香味，同时酒花中含有的多酚物质不仅影响啤酒的口感（过多会有一定的涩味），还会与蛋白质或与啤酒中的铁盐结合形成沉淀导致啤酒出现浑浊，此外，多酚中的花色苷等对啤酒的抗氧化性能有一定作用；酒花中的蛋白质对啤酒的泡持性也有一定影响。

③酵母的影响。酵母是啤酒的灵魂，酵母将麦汁中的糖分发酵成酒精和CO_2，同时酵母通过新陈代谢作用产生多种发酵副产物，对啤酒的口感和香气及其他特性起着决定性作用（Kunze，2014）。不同的酵母产生的风味物质差异很大，因此选择酵母时要考虑风味物质与预期的果啤风格和酒体要匹配、协调。此外，酵母的发酵速度和双乙酰还原速度、絮凝性等也要综合考虑。

④果汁的影响。果汁对果啤的口感和香气有着非常大的影响，尤其是果汁本身的香气和糖度。不同的果汁处理方式，对果汁的香气和口感（主要是酸甜度）影响特别大。

⑤果汁的添加时间。果汁添加时间对果啤的口感和香气以及其他抗氧化性等指标影响非常大。果汁添加时间一般有主发酵前（加入麦汁中，与麦汁混合一块发酵）、主发酵期（发酵中期）、发酵后期（主发酵结束，贮藏前）。具体添加时间要视水果本身（香气和糖度等特性）和酒体风格特征决定。

（3）工艺步骤。

①糖化。本实例中以大米作为辅料。麦芽和大米的质量比为（6∶4）～（7∶3）。麦汁制备工艺采用常规的复式糖化法，即大米先经过糊化，液化，再与糖化醪并料，再糖化。糖化一般按两段糖化，即 68～70 ℃糖化 20～30 min；升温到72～73 ℃糖化 20～30 min。再升温到 78 ℃进行过滤，分离出头道麦汁。再洗糟，待煮沸麦汁。

将麦汁用酿造水稀释到 7.5～8.5°P，然后升温到 100 ℃，煮沸 55～60 min，煮沸过程分两次加入酒花：第一次是在煮沸前 10～15 min 加入，第二次在煮沸结束前 1～2 min

加入。煮沸结束，澄清15 min后，用冰水冷却到10～15 ℃。

②发酵。对麦汁进行充氧，果啤充氧量控制要相对低点，本实例中单位体积麦汁充氧量为7.0 mg/L。添加酵母，确保酵母数为（1.0～1.2）×10^7 cfu/mL。建议用双乙酰还原较快的拉格酵母，艾尔酵母由于发酵温度高导致发酵速度偏快导致菠萝香味转化或损失厉害，且产生的酯香味可能与菠萝香味不一定协调。酵母发酵工艺按建议的温度控制，前期压力为0～0.02 MPa。当基酒发酵液外观糖降至3.0%～4.0%（*W*/*W*）时，排掉发酵罐酵母，添加菠萝浓缩汁（建议添加比例为60～100 g/L）或者菠萝原榨汁（建议添加比例为15%～30%），充CO_2且混合均匀后，背压0.08～0.10 MPa，并升温，控制压力为0.08～0.12 MPa。当发酵度约为55%，且双乙酰＜0.20 mg/L时，降温至（6 ℃±0.5 ℃）直至双乙酰至＜0.15 mg/L。之后降温至－1～0 ℃，保存5 d以上，得菠萝果啤。

③罐装。根据需要，安排灌装，装桶或玻璃瓶，并经巴氏杀菌或瞬杀（瞬杀会更好），PU值控制在20以下。

从理化数据来看（表5-6），菠萝果啤的浸出物明显比不加菠萝果汁的基酒要高很多（从糖度、真正浓度等指标可以看出），说明菠萝果汁对果啤的浸出物贡献较大。色度比基酒提高，但pH明显比基酒要低很多，这主要与菠萝果汁本身的有机酸构成有很大关系。同时，菠萝果啤的酒精度也有一定的提高，泡持性也得到一定的改善。

表5-6 菠萝果酿（啤）产品理化特性

指标	菠萝啤	基酒	指标	菠萝啤	基酒
糖度（%，*W*/*W*）	11～13	7.0～8.0	苦味值（IBU）	4～6	4～6
色度（EBC）	6～10	4～6	pH	3.7～3.8	4.3～4.4
酒精度（%，*V*/*V*）	4.0～5.5	3.0～3.5	外观浓度（%，*W*/*W*）	2.0～3.0	1.0～2.0
真正浓度（%，*W*/*W*）	3.0～5.0	2.0～3.2	泡持性（S）	210～225	200～205
真正发酵度（%）	60～65	60～70	双乙酰（mg/L）	＜0.15	＜0.15

2. 关键控制点

果酿型啤酒麦汁制备时，可适当选取蛋白质含量高的麦芽，同时适当提高糖化第一阶段的休止温度（68～70 ℃），尽可能生成更多的糊精类物质，以控制可发酵性糖的比例，从而更好地控制发酵度。

发酵时，要控制发酵度，麦汁充氧可适当降低发酵度，也可以使用只发酵葡萄糖和果糖，不能分解和发酵麦芽糖的*Saccharomycodes ludwigii*酵母菌种。这样既可以降低果啤的酒精含量，又可以提高啤酒中的外观糖含量，以平衡果啤的酸感。同时，菠萝果汁的添加量要兼顾香气和对糖度的贡献，因为菠萝汁的糖组分90%以上是可发酵性糖，糖度太高容易造成酒精度过高。此外，要控制果酿型啤酒的储酒时间，避免酵母的缓慢发酵导致发酵度升高，糖被进一步利用，从而出现酒精度偏高、口感偏酸的问题。

3. 产品品评

评定小组由10位啤酒品评专家（获得国家啤酒品评职业资格二级及以上）组成，他们根据表 5-7 中的评分标准对菠萝果啤的外观、泡沫、香气、口感分别进行盲评打分，以累计总分的平均值作为产品的得分，满分 100 分。

表 5-7　菠萝果啤感官评价标准

项目	评分标准	分值（分）
外观（10 分）	与菠萝鲜汁颜色接近，且酒体颜色均匀	8～10
	与菠萝鲜汁颜色较接近，且酒体颜色较均匀	6～8
	与菠萝鲜汁颜色相差远，且酒体颜色不均匀	＜6
泡沫（10 分）	泡沫丰富细腻，挂杯时间长	8～10
	泡沫丰富较细腻，挂杯时间略短	6～8
	泡沫少不细腻，挂杯时间短	＜6
香气（40 分）	菠萝香气突出，香气纯正，协调	35～40
	菠萝香气较突出，香气较纯正，较协调	35～25
	菠萝香气不突出，香气不纯正，不协调	＜25
口感（40 分）	口味纯正，酒体协调醇厚，杀口力强，无口味缺陷	35～40
	有轻微杂味，酒体较醇厚协调，杀口力较强，略有口味缺陷	35～25
	口味不纯正，酒体不协调醇厚，杀口力差，有明显口味缺陷	＜25

成品啤酒外观呈金黄色，泡沫洁白细腻且持久挂杯，具有较明显的菠萝香气，酒体醇厚协调，口感偏酸但可接受。

（三）小结

2020 年 1 月 1 日我国开始实施的《产业结构调整指导目录（2019 年本）》明确了关于啤酒类产业结构调整和优化升级的要求，这为果啤产业多元化发展提供了政策支持。近年来，日美低浓度偏好驱动女性消费群体占比提升，预测未来随着“她经济”盛行，啤酒企业将开发更多针对女性的啤酒消费品，女性对啤酒的消费需求将会不断增长，特别注重产品的内在品质的果酿啤酒将势必成为新的啤酒增长点。因此，利用菠萝果汁酿造营养丰富且口感好的菠萝果酿，一方面对丰富我国啤酒市场，推动啤酒产品高端化和个性化消费具有重要意义。另一方面，也必将促进菠萝等岭南水果产业的供给侧结构性改革，通过延长产业链和提高附加值，最终实现该产业的高质量发展。

八、菠萝果醋

我国果醋制作的历史源远流长，早在宋朝的《事林广记》一书中就记载了梅醋的制作方法：“乌梅去核一升许，以醋五升浸，暴干为末，欲用，以少许投入水中成香醋，甚美。”而近代，我国关于果醋酿造技术的研究相对滞后，1986 年秦寰勋和邢冠五以苹果、梨为原料，采用自吸式液体深层发酵法，开发出苹果醋和梨醋，并将相关研究成果发表在《中国调味品》第 11 期。自此之后国内学者对果醋的开发和研究才逐渐增多。目前，在欧美、日本等发达国家，果醋早已作为一种营养保健型饮品得到广大消费者的认可和青睐。

数据显示，日本人均醋的年消费量为1.8 kg，美国为1.4 kg，而我国仅为0.2 kg。因此，我国的果醋及其饮品具有巨大的开发空间，市场前景广阔。

菠萝果醋是一种以菠萝水果或其加工下脚料为主要原料，利用酵母菌厌氧发酵和醋酸菌有氧发酵酿造而成的一类果醋产品。通过微生物发酵不仅可以保留水果本身特有的一些营养和功能元素，还丰富了有机酸含量和香气物质的种类，赋予产品抗氧化、调节新陈代谢、增强免疫力以及减肥降脂等功效。目前，关于菠萝果醋的研究已有大量报道，但国内大多数处于实验室小试阶段，在生产工艺稳定性和品质一致性方面还存在诸多的技术瓶颈，距离规模化、标准化生产尚有一定距离（符桢华，2010；何宇宁 等，2020），市场上的菠萝果醋产品仍然以菠萝果汁或菠萝香精调制产品为主，缺少真正意义上的菠萝果汁纯酿产品。针对以上存在的问题，提出以下几点建议：

（1）加大菠萝果醋产品宣传力度，使人们充分了解菠萝果醋的营养价值、保健功能和风味特征，引导消费者建立饮用菠萝果醋的习惯。

（2）加强对不同品种菠萝原料的生物特性及加工特性的研究，建立菠萝果实营养信息数据库，为菠萝果醋加工工艺研究提供科学依据。

（3）深入研究影响菠萝果醋品质的重要因素，明确其影响机理，为优化和完善酿造工艺、提升产品品质与口感提供科学支撑。

（4）建立菠萝果醋的生产标准和质量标准，规范菠萝果醋生产环节和产品质量，让生产企业有法可依，让消费者有章可循。

参考文献

毕金峰，方芳，公丽艳，等，2010. 苹果干燥技术研究进展［J］. 农产品加工（3）：4－7.

陈玲，余昆，聂永华，等，2015. 改善白兰地品质的工艺研究［J］. 酿酒，42（2）：106－109.

陈美雯，2006. 利用本土水果制造白兰地之研究［D］. 大同：大同大学.

崔进梅，李佳忠，宋振彩，2021. 啤酒工坊水蜜桃小麦啤酒的酿造尝试［J］. 中外酒业（1）：21－26.

方宗壮，何艾，窦志浩，等，2018. 不同气调包装结合低温处理对鲜切菠萝贮藏品质的影响［J］. 河南工业大学学报，39：102－107.

符桢华，2010. 利用菠萝皮酿制菠萝果醋研究［D］. 广州：华南理工大学.

高晓娟，2011. 苹果白兰地与苹果醋的联合生产工艺研究［D］. 济南：山东轻工业学院.

高志明，罗杨合，陈振林，2015. 荸荠皮果醋减肥效果研究［J］. 安徽农业科学（27）：216－217.

龚意辉，吴志蒙，彭淑君，等，2021. 采后桃果实酶促褐变机理的研究进展［J］. 现代园艺，44（13）：20－22.

管敦仪，1999. 啤酒工业手册［M］. 北京：中国轻工业出版社.

何宇宁，黄和，钟赛意，等，2020. 菠萝蜜果醋发酵菌种的选育及发酵特性［J］. 食品科学（14）：183－189.

黄易安，2021. 不同杀菌处理方式对苹果果汁饮料品质的影响研究［J］. 食品安全导刊，12：143－144.

姜永超，李柳基，袁源，等，2018. 不同酿酒酵母对菠萝果汁发酵特性的比较［J］，食品科技，43（11）：90－97.

金琰，2021. 我国菠萝市场与产业调查分析报告［J］. 农产品市场周刊，8：46－47.

李红蕊，李志西，赵晓野，等，2009. 红枣醋和枳椇醋减肥降血脂作用研究［J］. 西北农业学报，18

(2)：257-260.
李记明，贺普超，刘玲，1998. 优良品种葡萄酒的香气成分研究 [J]. 西北农业大学学报 (6)：9-12.
李路遥，程朝辉，刘长虹，等，2016. 鲜切水果品质控制研究进展 [J]. 食品工业，37 (7)：252-255.
李兴革，李颖，胡军祥，等，2008. 苹果果啤生产工艺研究 [J]. 酿酒，35 (3)：65-68.
刘传和，贺涵，邵雪花，等，2021. 两种菠萝鲜果及其酿造果酒酯类风味物质差异性分析 [J]. 保鲜与加工，21 (7)：109-115.
鲁周民，闫忠心，刘坤，等，2010. 不同温度对干制红枣香气成分的影响 [J]. 深圳大学学报（理工版），27 (4)：490-496.
马丽娜，龚霄，殷俊伟，等，2018. 基于 RP-HPLC 法测定水果及其果酒中的有机酸含量 [J]. 食品工业，1：328-330.
马丽娜，袁源，林丽静，等，2018. 不同酿酒酵母在菠萝果酒中的发酵特性 [J]. 食品工业科技，39 (3)：12-16.
马丽娜，袁源，龙倩倩，等，2017. 不同酿酒酵母对菠萝酒香气品质的影响分析 [J]. 农产品加工，11：85-89.
苗方，康健，王德良，2010. 果啤的研究进展 [J]. 酿酒，37 (3)：75-77.
苗俨龙，龚诗媚，张子希，等，2021. 不同品种荔枝啤酒的理化性质及其抗氧化性评价 [J]. 食品与发酵工业，13 (47)：174-179.
莫一凡，姚凌云，冯涛，等，2020. 水果干风味物质及干燥方式的影响研究 [J]. 中国果菜，6：23-28，40.
彭德华，1983. 提高白兰地的稳定性 [J]. 酿酒科技，2：34-35.
秦贯丰，丁中祥，原姣姣，等，2020. 苹果汁冷冻浓缩与真空蒸发浓缩效果的对比 [J]. 食品科学，41 (7)：102-109.
容艳筠，2015. 酶制剂在果汁澄清中的应用研究进展 [J]. 科技与创新 (14)：10-11.
赛嘉，李皓，李莲梅，2006. 高档白兰地葡萄的发酵过程 [J]. 中外葡萄与葡萄酒，4：40-42.
盛国华，2000. 水果啤酒市场得宠 [J]. 食品工业科技，21 (5)：4.
宋纪蓉，徐抗震，2007. 大枣白兰地生产工艺的研究 [C]. 全国生物化工学术会议.
宋玲，史勇，2017. 菠萝去皮装置的研究现状及发展趋势 [J]. 中国农机化学报，38 (6)：109-113.
王建成，2010. 罐头氧化圈和真空度影响因素研究 [J]. 食品研究与开发，4：47-49.
王荣荣，张小雨，张娇娇，等，2019. 燕麦苹果复合果醋发酵工艺优化及其抗氧化活性 [J]. 中国酿造 (7)：145-150.
王松廷，2016. 西瓜精酿啤酒酿造工艺的研究及其风味物质分析 [D]. 郑州：河南大学.
魏长宾，李苗苗，马智玲，等，2019. 金菠萝品种果实香气成分和特征香气研究 [J]. 基因组学与应用生物学，38 (4)：1702-1711.
谢文芝，1997. 糖水菠萝罐头加工工艺 [J]. 广州食品工业科技，13 (2)：34-6.
徐乐平，徐长滨，1994. 配制白兰地酒稳定性的试验 [J]. 酿酒，6：31-32.
许媛，王君，王圣赞，等，2020. 白刺浓缩汁添加时期对果啤品质及抗氧化活性的影响 [J]. 食品与发酵科技，56 (1)：7-10.
杨永学，王明跃，孙晓璐，等，2019. 海棠果精酿啤酒的生产工艺研究. 酿酒，46 (4)：115-118.
苑学习，1999. 红枣白兰地的研制 [J]. 酿酒科技，2：48-48.
张文静，郑福平，孙宝国，等，2008. 同时蒸馏萃取/气—质联用分析紫丁香花精油 [J]. 食品科学 (9)：523-525.
张秀玲，高学军，冯一兵，2004. 果醋加工研究进展 [J]. 北方园艺 (5)：75-76.
张玉香，绍丛，刘胜菊，等，2011. 酸浆果醋发酵工艺及营养分析 [J]. 食品研究与开发 (2)：21-24.

章克昌，1995. 酒精与蒸馏酒工艺学［M］. 中国轻工业出版社.

Ali Mohd M，Hashim N，Abd Aziz S，et al.，2020. Pineapple（*Ananas comosus*）：A comprehensive review of nutritional values，volatile compounds，health benefits，and potential food products［J］. *Food Research International*，137：1-13.

Anju K，Rehema J，Rakesh K，et al.，2021. Biopreservation of pineapple wine using immobilized and freeze dried microcapsules of bacteriocin producing *L. plantarum*［J］. *Journal of Food Science and Technology*. https：//doi：10.100 7/s13197-021-05069-6.

Antoniolli LR，Benedetti BC，Souza Filho MS，et al.，2005. Influence of position and cut shape in the sensorial preference of fresh-cut 'Perola' pineapple［J］. *Revista Brasileira de Fruticultura*，27（3）：511-513.

Arianna R，Luigi L，Fabrizio T，et al.，2017. Metabolite profiling and volatiles of pineapple wine and vinegar obtained from pineapple waste［J］. *Food Chemistry*，229：734-742.

Azarakhsh N，Osman A，Ghazali HM，et al.，2014. Lemongrass essential oil incorporated into alginate-based edible coating for shelf-life extension and quality retention of fresh-cut pineapple［J］. *Postharvest Biology and Technology*，88：1-7.

Bierhals VS，Chiumarelli M，Hubinger MD，2011. Effect of Cassava starch coating on quality and shelf life of fresh-cut pineapple［J］. *Journal of Food Science*，76（1）：62-72.

Brandes W，2011. Effect of reduced pressure on the distillation behavior determining the quality of the ingredients in fruit brandy production［J］. *Food Science & Technology*，12：147-149.

Buccheri M，Cantwell M，2014. Damage to intact fruit affects quality of slices from ripened tomatoes［J］. *LWT-Food Science and Technology*，59：327-334.

Cai H，Liu Y，Yu H，et al.，2019. Optimization of the production of cactus fruit brandy［J］. *Liquor-Making Science & Technology*，6：82-86.

Capone S，Tufariello M，Francioso L，et al.，2013. Aroma analysis by GC-MS and electronic nose dedicated to *Negroamaro* and *Primitivo* typical italian apulian wines［J］. *Sensors and actuators B：chemical*，179（31）：259-269.

Carvalho G，Silva D，Bento V，et al.，2009. Banana as adjunct in beer production：applicability and performance of fermentative parameters［J］. *Applied Biochemistry & Biotechnology*，155（1）：356-365.

Chen K，Li SY，Yang HF，et al.，2021. Feasibility of using gas chromatography-ion mobility spectrometry to identify characteristic volatile compounds related to brandy aging［J］. *Journal of Food Composition and Analysis*，98：103812.

Difonzo G，Vollmer K，Caponio F，et al.，2019. Characterisation and classification of pineapple（*Ananas comosus*［L.］Merr.）juice from pulp and peel［J］. *Food Control*，96：260-270.

Ducruet J，Rébénaque P，Diserens S，et al.，2017. Amber ale beer enriched with goji berries-The effect on bioactive compound content and sensorial properties［J］. *Food Chemistry*，226：109-118.

Fan G，Xu XY，Qiao Y，et al.，2009. Volatiles of orange juice and orange wines using spontaneous and inoculated fermentations［J］. *European Food Research and Technology*，228（6）：849-856.

Fanari M，Forteschi M，Sanna M，et al.，2020. Pilot plant production of craft fruit beer using Ohmic-treated fruit puree［J］. *Journal of Food Processing and Preservation*，44：14339.

Gatza P，Swersey C，Skypeck C，et al.，2017. BJCP beer style guidelines 2015［J］. *Brewing Association*，47：556.

Ghosh T，Nakano K，Mulchandani N，et al.，2021. Curcumin loaded iron functionalized biopolymeric nanofibre reinforced edible nanocoatings for improved shelf life of cut pineapples [J]. *Food Packaging and Shelf Life*, 28, 100658.

Gong X, Yang Q, Chen M, et al., 2022. Characterization of antioxidant activities and volatile profiles of pineapple beer during the brewing process [J]. Journal of Food and Nutrition Research, 61 (2): 116 - 128.

González - Aguilar G A, Ruiz - Cruz S, Soto - Valdez H, et al., 2005. Biochemical changes of fresh - cut pineapple slices treated with antibrowning agents [J]. *International Journal of Food Science and Technology*, 40 (4): 377 - 383.

Hatanakaa A, 1993. The biogeneration of green odour by greenleaves [J]. *Phytochemistry*, 34 (5): 1201 - 1218.

Huang FX, Zhan YH, Hu BF, et al., 1997. Preliminary study on making brandy with peel and dregs of pineapple [J]. *Journal of Yunnan Tropical Crops Science & Technology*, 1: 12 - 16.

Huang XY, Deng KY, Huang XC, et al., 2018. Research the production process of *Cherokee Rose* brandy [J]. *Liquor Making*, 5: 93 - 95.

Huertasmiranda JA, 2006. Development of high quality wines and brandies from tropical fruits [R]. Mayaguez, University of Puerto Rico - Mayaguez.

Inglett GE, Chen D, Liu SX, 2015. Antioxidant activities of selective gluten free ancient grains [J]. *Food & nutrition sciences*, 6 (7): 612 - 621.

Jiang YC, Ma LN, Yuan Y, et al., 2018. Changes of aroma components of pineapple wine during fermentation with ADT strain [C]. *IOP Conference Series Materials Science and Engineering*, 392: 052004.

Jung KM, Kim SY, Seo EC, et al., 2017. Influence of peach (*Prunus persica* L. Batsch) fruit addition on quality Characteristics and Antioxidant Activities of Beer [J]. *International Journal of Science*, 6 (8): 186 - 191.

Kawa - Rygielska J, Adamenko K, Kucharska AZ, et al., 2019. Physicochemical and antioxidative properties of Cornelian cherry beer [J]. *Food Chemistry*, 281 (30): 147 - 153.

Khalid N, Suleria HA, Ahmed I, 2016. Pineapple juice [M] *Handbook of Functional Beverages and Human Health. ResearchGate*: 489 - 500.

Kunze W. Wainwright T (ed.), 2014. Technology brewing and malting. Berlin, Verzeichnis Lieferbauerer Nucher.

Li YY, Li QQ, Zhang BC, et al., 2021. Identification, quantitation and sensorial contribution of lactones in brandies between China and France [J]. *Food Chemistry*, 357: 129761.

Lin X, Jia YY, Li KY, et al., 2021. Effect of the inoculation strategies of selected *Metschnikowia agaves* and *Saccharomyces cerevisiae* on the volatile profile of pineapple wine in mixed fermentation [J]. *Journal of Food Science and Technology*, https://doi.org/10.1007/s13197 - 021 - 05019 - 2.

Lin X, Wang QK, Hu XP, et al., 2018. Evaluation of different *Saccharomyces cerevisiae* strains on the profile of volatile compounds in pineapple wine [J]. *Journal of Food Science and Technology*, 55 (10): 4119 - 4130.

Liu L, 2002. Technology of all - pineapple brandy [J]. *Journal of Foshan University (Natural Science Edition)*, 3: 50 - 54.

López F, Rodríguez - Bencomo JJ, Orriols I, et al., 2017. Fruit Brandies//Kosseva MR, Joshi VK, Panesar PS. Science and Technology of Fruit Wine Production [M]. Academic Press.

Madera RR, Hevia AG, Valles BS, 2013. Comparative study of two aging systems for cider brandy making. Changes in chemical composition [J]. *LWT-Food Science and Technology*, 54 (2): 513-520.

Marrero A, Kader AA, 2006. Optimal temperature and modified atmosphere for keeping quality of fresh-cut pineapple [J]. *Postharvest Biology and Technology*, 39: 163-168.

Martinez A, Vegara S, Marti N, et al., 2017. Physicochemical characterization of special persimmon fruit beers using bohemian pilsner malt as a base [J]. *Journal of the Institute of Brewing*, 123 (3): 319-327.

Montero-Calderón M, Rojas-Graü M, Martín-Belloso O, 2010a. Mechanical and chemical properties of Gold cultivar pineapple flesh (*Ananas comosus*) [J]. *European Food Research and Technology*, 230 (4): 675-686.

Montero-Calderón M, Rojas-Gräu MA, Martín-Belloso O, 2010b. Aroma profile and volatiles odor activity along Gold cultivar pineapple flesh [J]. *Journal of Food Science*, 75 (9): 506-512.

Montero-Calderón M, Rojas-Graü MA, Martín-Belloso O, 2008. Effect of packaging conditions on quality and shelf-life of fresh-cut pineapple [J]. *Postharvest Biology and Technology*, 50 (3): 182-189.

Nardini M, Garaguso I, 2020. Characterization of bioactive compounds and antioxidant activity of fruit beers [J]. *Food Chemistry*, 305: 125437.

Olga V, František M, Katarína F, et al., 2017. Volatile fingerprinting of the plum brandies produced from different fruit varieties [J]. *Journal of Food Science and Technology*, 54 (13): 4284-4301.

Ozabor T, Festus FI, Temilade OP, et al., 2021. Characterization of indigenous yeast species isolated from fruits for pineapple wine production [J]. *Carpathian Journal of Food Science and Technology*, 12 (5): 109-121.

Pan YG, Zu H, 2012. Effect of UV-C Radiation on the quality of fresh-cut pineapples [J]. *Procedia Engineering*, 37 (2): 113-119.

Qi NL, Ma LN, Lin LJ, et al., 2017. Production and quality evaluation of pineapple fruit wine [C]. *Iop Conference*, 100: 012028.

Qi NL, Ma LN, Liu XX, et al., 2017. Analysis of aromatic compositions of pineapple wines fermented with different yeasts [J]. *Journal of Food Engineering and Technology*, 6 (2): 95-100.

Raul BS, Sara C, Belchior AP, et al., 2007. Effect of heat treatment on the thermal and chemical modifications of oak and chestnut wood used in brandy ageing [J]. *Ciência E Técnica Vitivinícola*, 22 (1): 5-14.

Sara C, Sara C, A Pedro B, 2012. Effect of ageing system and time on the quality of wine brandy aged at industrial-scale [J]. *Ciência E Técnica Vitivinícola*, 27 (2): 83-93.

Sara CA, Pedro B, 2013. Effects of caramel addition on the characteristics of wine brandies [J]. *Ciência e Técnica Vitivinícola*, 28 (2): 51-58.

Selma G, Selin K, 2009. Production of brandy from apple by different methods [J]. *International Journal of Fruit Science*, 9 (3): 247-256.

Shu Y, Zhang ZS, Wang ZQ, et al., 2014. Research on characteristic aromatic compounds in jujube brandy. //Zhang TC, Ouyang P, Kaplan S, Skarnes B. Proceedings of the 2012 International Conference on Applied Biotechnology (ICAB 2012) [M]. Lecture Notes in Electrical Engineering, Springer, Berlin, Heidelberg.

Silva GC, Maia GA, Figueiredo RW, et al., 2005. Effect of type of cutting on the physical chemical and physical characteristics of pineapple perola minimally processed [J]. *Food Science and Technology*, 25 (2): 223-228.

Smailagić A, Stanković DM, Durić SV, et al., 2021. Influence of extraction time, solvent and wood specie on experimentally aged spirits - A simple tool to differentiate wood species used in cooperage [J]. *Food Chemistry*, 346: 128896.

Stefan I, Katarina S, Vele T, et al., 2021. GC - FID - MS based metabolomics to access plum brandy quality [J]. *Molecules*, 26: 1 - 14.

Tassiana, Amélia, 2016. Producción deaguardiente utilizando extracto dealfa ácidos dellúpulo enel control biocida delproceso fermentativo [J]. *Centro Azúcar*, 43 (1): 18 - 24.

Thuong H, Hao NQ, Thuy TT, 2017. Taxonomic characterization and identification of *Saccharomyces cerevisiae* D8 for brandy production from pineapple, 39 (4): 474 - 482.

Urszula D, Katarzyna P, Piotr P, et al., 2020. Development of the method for determination of volatile sulfur compounds (VSCs) in fruit brandy with the use of HS - SPME/GC - MS [J]. *Molecules*, 25 (1232): 1 - 14.

Vejaphan W, Hsieh TC, 1988. Volatile flavor components from boiled crayfish tailmeat [J]. *Journal of Food Science*, 53: 1666 - 1670.

Vieira, Ana Paula, Nicoleti, et al., 2012. Vânia regina nicoletti liofilização defatias deabacaxi: avaliação dacinética desecageme daqualidade doproduto [J]. *Brazilian Journal of Food Technology*, 15: 50 - 58.

Wu Z, Zhang M. Adhikari B, 2012. Application of high pressure argon treatment to maintain quality of fresh - cut pineapples during cold storage [J]. *Journal of Food Engineering*, 110 (3), 395 - 404.

Wu ZS, Zhang M, Wang SJ, 2012. Effects of high - pressure argon and nitrogen treatments on respiration, browning and antioxidant potential of minimally processed pineapples during shelf life [J]. *Journal of the Science of Food and Agriculture*, 92 (11): 2250 - 2259.

Xu K, Guo MM, Du JH, et al., 2018. Cloudy wheat beer enriched with okra [*Abelmoschus esculentus* (L.) Moench]: Effects on volatile compound and sensorial attributes [J]. *International Journal of Food Properties*, 21 (1): 304 - 315.

Yang Q, Tu JX, Chen M, et al., 2021. Discrimination of fruit beer based on fingerprint by static headspace - gas chromatography - ion mobility spectrometry [J]. *Journal of the American Society of Brewing Chemists*. http//doi: 10.1080/03610470.2021.1946654.

Ye HQ, Liu SQ, 2014. Review an overview of selected specialty beers: developments, challenges and prospects [J]. *International Journal of Food Science and Technology*, 49: 1607 - 1618.

Zeng C, Zhang Y, Kang S, et al., 2015. Research progress of aroma components in fruit brandy [J]. *China Brewing*, 7: 7 - 10.

Zhang L, Zhou C, Yuan Y, et al., 2020. Characterisation of volatile compounds of pineapple peel wine [J]. *E3S Web of Conferences*, 185 (23): 04065.

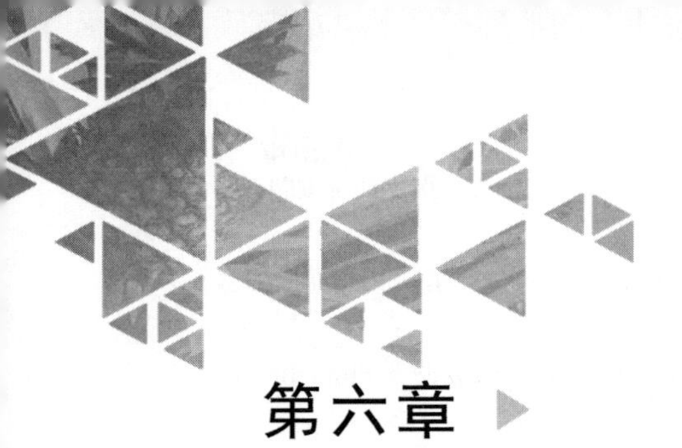

第六章 菠萝副产物高值化利用

一、简介

全球每年约有 1/3 的菠萝用于菠萝罐头、果汁、去皮小菠萝、菠萝脆片、沙司、果酱、果冻、果酒、果醋等产品的加工。在加工过程中，不可避免地会产生大量皮渣、碎果肉、果芯、果眼等加工下脚料。据统计，菠萝加工下脚料占菠萝整果的 50%～60%。此外，菠萝果实收获后，会有大量的茎叶废弃物，这些副产物若处置不当，既污染环境，又浪费资源。《中共中央关于制定国民经济和社会发展第十四个五年规划和二〇三五年远景目标的建议》提出要“推动绿色发展，促进人与自然和谐共生”，强调“全面提高资源利用效率”（新华社，2020）。农业副产物的高值化开发与利用，不仅是破解农业保护与发展突出矛盾的迫切需要，又是促进人与自然和谐共生的必然要求，更是事关我国农业增效、农民增收和乡村振兴的重大战略问题。

二、菠萝副产物

菠萝副产物主要包括加工副产物和田间副产物两大类。加工副产物主要指菠萝皮渣、碎果肉、果芯和果眼等产品，田间副产物主要指菠萝茎叶。其中产量最大的为菠萝皮渣和菠萝茎叶。

（一）菠萝皮渣

菠萝皮渣主要由加工过程中产生的果皮和果渣组成，占果实质量的 25%～35%。我国每年菠萝加工产生的皮渣约 15 万 t，果皮多硬质果槽，果肉连有刺根，在生产上通常被剔除，既造成大量浪费，又增加处理成本。菠萝皮渣的营养成分与果肉基本成分接近，其中水分 75.94%（鲜样测定）、灰分 3.22%、蛋白质 2.57%、粗纤维 7.21%、可溶性固形物 14.53%、总糖 10.60%。菠萝皮渣中的矿物质元素种类较多，不但含有人体所需的 P、K、Ca、Mg、Na 等常量元素，而且还含有 Cu、Zn、Fe、Ni、Mn、Co 等人体必需的微量元素。K 元素含量最高，P、Mg 次之（赖惠珍，2018）。此外，菠萝皮渣含有丰富的糖类、脂肪、蛋白质、维生素 C 和有机酸等。

国内外在菠萝皮渣的综合利用方面取得了许多成果。在食品领域，菠萝皮渣可用于制备菠萝果酒、白兰地、果醋、果冻和酸乳饮料等，也可用于提取菠萝蛋白酶、果胶、色素和酚类抗氧化剂等。在饲料领域，菠萝皮渣可以通过单独或混合发酵，结合干燥、青贮等处理制备菠萝渣饲料，用于畜禽水产动物的养殖。菠萝皮渣也可制备生物有机肥用于果蔬种植，或作为花卉栽培基质。菠萝皮渣经过发酵制成的农业酵素是非常环保、高效的生物肥料。在工业领域，研究发现菠萝皮渣提取液在稀盐酸溶液中对碳钢具有较好的缓腐蚀性，可用于制备碳钢缓蚀剂、胶乳生物凝固剂等。此外，菠萝皮渣是生产沼气和乙醇等清洁能源的原料基质。随着人们环保意识的增强，以及高新技术在农产品加工中的广泛应用，菠萝皮渣潜在的经济效益、社会效益和生态效益不断被挖掘出来，已成为菠萝产业的重要发展方向。

（二）菠萝茎叶

菠萝茎叶是菠萝果实采收后留在田间的副产物。据统计，每年每公顷菠萝产生菠萝茎叶达 37.5～45 t，我国每年大约产生 1 000 万 t 菠萝茎叶，除少量用于提取菠萝蛋白酶外，大部分被丢弃或焚烧，不仅污染环境，还造成严重的资源浪费。用这些菠萝茎叶来提取纤维，相当于 13.33 万 hm^2 的亚麻或者 6.67 万 hm^2 棉田的纤维产量。在当下土地资源非常有限的情况下，充分利用菠萝茎叶资源，不仅能为纺织产业发展提供新的原材料，还能大大节约宝贵的土地资源。因此，菠萝茎叶高值化开发与利用势在必行。

菠萝茎叶干物质中，蛋白质占 4.55%、粗脂肪占 1.56%、总糖占 80.33%、灰分占 4.22%。同时，钾的含量较高，达到每 100 g 含量 176.66 mg；每 100 g 含钙、镁和磷分别为40.68 mg、15.18 mg 和 3.96 mg；锰、锌和硒等微量元素也较丰富（何运燕，2008）。菠萝茎叶除了富含有机质和多种有益成分外，由于其特殊的物理结构和生物学特性，非常适合生产益生菌饲料、清洁能源、生物有机肥及基质材料等。

菠萝收获以后剩余的茎叶以前都是被人工或者推土机堆放在田间地头，这样既耗时耗力又浪费了大量的有机肥，同时会影响到机械作业。中国热带农业科学院农业机械研究所率先研究并推广应用了菠萝茎叶粉碎还田作业机。实践证明，菠萝茎叶粉碎还田作基肥，较好地解决了有机肥源，提高了地力，疏松了土壤，肥分充足，保水性好，从而使菠萝更新田种植的其他农作物长势旺，成茎率高，茎秆粗壮。此外，中国热带农业科学院农业机械研究所科技人员研发了菠萝茎叶综合利用技术与设备，提出菠萝茎叶的利用方式除了可以直接粉碎还田外，还可进行纤维化、饲料化、能源化和肥料化利用。该成果以菠萝叶纤维机械化提取为核心技术，以叶渣饲料化、能源化和肥料化利用为配套技术，建立了适合农村的综合利用生产模式，在国内外首次实现菠萝叶纤维机械提取加工及规模化生产，为纺织行业提供了优质的天然纤维。菠萝茎叶的高值化利用，对于全面提升我国菠萝产业的创新能力和技术水平，促进菠萝产业可持续发展具有重要意义。

三、菠萝蛋白酶

菠萝蛋白酶（Bromelain）是从菠萝的茎叶、果实等部位提取的一类蛋白水解酶的总称，根据提取部位的不同，分为茎菠萝蛋白酶和果菠萝蛋白酶。菠萝蛋白酶是 Marcano 于 1891 年首次在菠萝汁中发现的，随后 Chittenden 将菠萝蛋白酶从菠萝果实中提取出来。1957年，Heinecke等从菠萝茎中提取得到菠萝蛋白酶，并发现茎中的含量比果肉中的高，从此菠萝蛋白酶实现了商品化生产。国内外学者对菠萝蛋白酶进行了大量的研究，一些功能成分得到成功分离，并应用于医药领域。随着提取纯化技术的不断进步，高活性的菠萝蛋白酶将广泛应用于医药、食品和化工等领域。

（一）组成与结构

菠萝蛋白酶是由多种不同分子质量和分子结构的酶所组成的酶系，其中至少包含了5种蛋白水解酶。除此之外，有的还含磷酸酯酶、过氧化物酶、纤维素酶、其他糖苷酶及非蛋白物质。菠萝蛋白酶是一种糖蛋白，分子结构中含有一个寡糖分子，由木糖（Xylose，Xyl）、岩藻糖（Fucose，Fuc）、甘露糖（Mannose，Man）和*N*-乙酰葡糖胺（*N*-aceltylglucosamine，GlcNAc）组成，共价连接在肽链上。

（二）理化性质

菠萝蛋白酶，白色或浅黄色无定形粉末，微有特异臭，溶于水，水溶液无色或淡黄色，有时有乳白光，不溶于乙醇、氯仿和乙醚，属于糖蛋白。菠萝蛋白酶的分子质量为30～33 ku，等电点为9.55，属于巯基蛋白酶，其活动中心为巯基（—SH），能进行蛋白质水解等各种生化反应。菠萝蛋白酶溶液的最大吸收波长为280 nm。因其由多种酶分子构成，所以在催化底物上具有多样性。它能分解蛋白质、肽、脂和酰胺，其水解蛋白的活性较木瓜蛋白酶高10倍以上。

菠萝蛋白酶最适pH为7.11，最适反应温度为55 ℃。对酪蛋白、血红蛋白、N-苯甲酰-L-精氨酸乙酯（BAEE）的最适pH是6～8，对明胶的最适pH是5.0。菠萝蛋白酶的催化活性易受到pH、温度、金属离子、EDTA及还原剂等的影响。Mg^{2+}和Ca^{2+}在高浓度下对菠萝蛋白酶活性会产生抑制作用，但低浓度时具有促进作用。研究发现，当Ca^{2+}浓度为2 mmol/L时，促进作用最明显。EDTA能螯合菠萝蛋白酶反应所需的金属离子，使菠萝蛋白酶活性降低。半胱氨酸的盐酸盐在一定浓度范围内，对酶反应有促进作用：浓度太低时，促进作用减弱；浓度太高时，表现出抑制作用，这可能与其还原作用所引起的酶其他基团结构发生改变有关。它优先水解碱性氨基酸（如精氨酸）或芳香族氨基酸（如苯丙氨酸、酪氨酸）的羧基一侧的肽链，选择性水解纤维蛋白，可分解肌纤维，而对纤维蛋白原作用微弱。

临床研究表明，由于对纤维蛋白和纤维蛋白原的选择性降解作用，菠萝蛋白酶能够有效地应用于相关疾病的治疗，如抑制肿瘤细胞的生长（癌症治疗）、抑制血小板聚集（心血管疾病防治）等。当然，作为蛋白水解酶，菠萝蛋白酶的消炎作用与动物源性消化蛋白酶类似，可以将阻塞于组织的纤维蛋白、脓性黏液以及血凝块溶解，从而改善体液的局部循环，使炎症和水肿消除；还可以作为化疗或抗生素治疗的辅助用药，帮助药物更好地作用于病灶组织和器官。

（三）提取方法

菠萝蛋白酶的提取方法有很多，但是目前用于工业生产的方法主要有三种：高岭土吸附法、单宁沉淀法和超滤浓缩法。

（1）高岭土吸附法。具体流程见图 6-1。

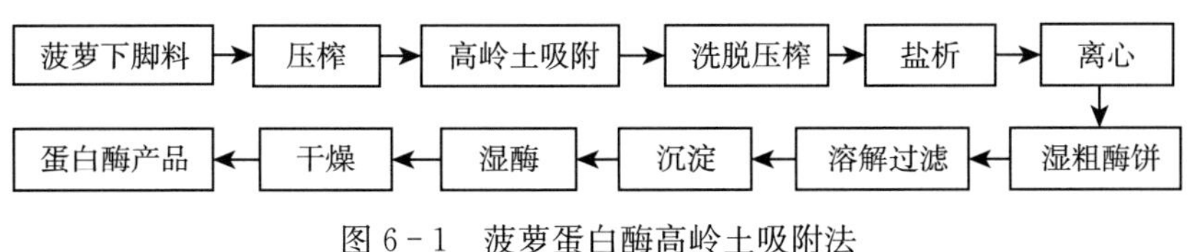

图 6-1 菠萝蛋白酶高岭土吸附法

（2）单宁沉淀法。具体流程见图 6-2。

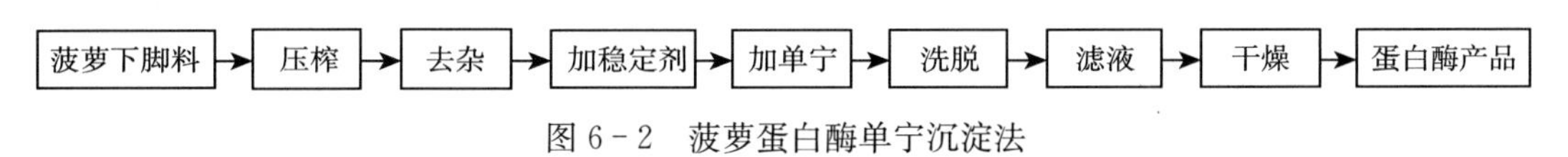

图 6-2 菠萝蛋白酶单宁沉淀法

（3）超滤浓缩法。具体流程见图 6-3。

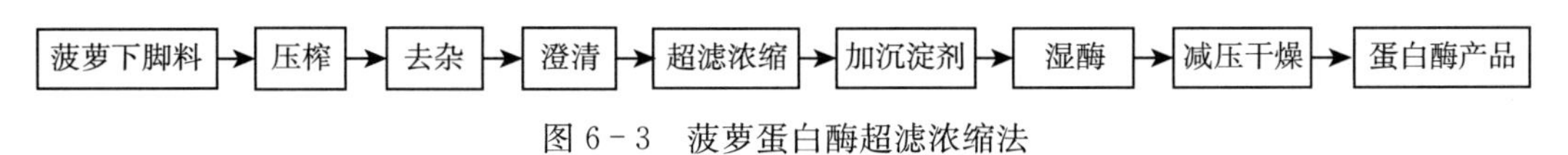

图 6-3 菠萝蛋白酶超滤浓缩法

由高岭土吸附法获得的菠萝蛋白酶虽然纯度较高，酶活力在 41 万 U/g 以上，但工艺流程长，原料消耗多，酶活力回收率低。单宁沉淀法比高岭土吸附法简单，原料消耗少，但酶活力回收率较低，产品酶活力在 31 万～41 万 U/g，两者均会对环境造成污染。相对来说，超滤浓缩法能有效分离提取菠萝蛋白酶。从提取菠萝蛋白酶的工艺流程上看，超滤浓缩法操作步骤简单，且具有无相变、低温、能耗少、活力损失小、操作简单等特点，应用于菠萝蛋白酶的浓缩和分离，不仅能保护其活性、降低生产成本、使用的有机溶剂可回收再生产、基本上没有废物排放，而且超滤透过液还可用作饮料添加剂，可以达到清洁生产的要求；另外，超滤浓缩法分离得到的菠萝蛋白酶质量好、纯度高，能达到医药级水平。

（4）其他方法。将 TiO_2、黏土、SiO_2、$CaCO_3$ 及活性炭混合，经高温烧结，制得可用于柱层析的 TiO_2 多孔陶瓷。以陶瓷柱层析结合超滤法纯化菠萝蛋白酶，得到酶制品比活力 93.7 万 U/g，酶活力回收率为 48%，纯化倍数为 8。这种吸附材料化学惰性好、适用的 pH 范围宽，可用于柱层析，实现连续吸附、洗脱、再生这一层析过程，为工业化生产提供了可能性（李兴和林哲甫，2002）。

Chen 和 Huang（2004）利用磁性氧化铁微球固定聚丙烯酸吸附菠萝蛋白酶，研究表明，室温下，pH 介于 3～5，菠萝蛋白酶的吸附率接近 100%。在 pH=7 时，以 0.1 mol/L 的磷酸缓冲液和浓度 0.6～2.0 mol/L 的 KCl 作为洗脱液进行洗脱，由于没有扩散阻力，吸附和解吸过程在 1 min 内就能完成，菠萝蛋白酶的酶活力回收率为 87.4%。

利用包含环氧乙烷和环氧丙烷共聚物的双水相体系分离菠萝蛋白酶，结果表明，最佳分离条件为共聚物中环氧乙烷含量 10%、共聚物的分子质量 2 000、共聚物浓度为 5%（W/W）、温度 25 ℃、pH 6.0、盐溶液浓度在 15 mmol/L 时，酶活力回收率 79.5%（Rabelo et al.，2004）。

（四）菠萝蛋白酶的应用

1. 在食品工业中的应用

焙烤食品时，将菠萝蛋白酶加入生面团中，可使面筋降解，生面团被软化后易于加工，并能提高饼干与面包的口感与品质；制作干酪时，将菠萝蛋白酶用于干酪素的凝结；菠萝蛋白酶可以将肉类大分子蛋白质水解为易吸收的小分子氨基酸和蛋白质，软化肉类，广泛地应用于肉制品的精加工（陈星星 等，2019）。也有人用菠萝蛋白酶来增加豆饼和豆粉的 PDI 值和 NSI 值，生产可溶性蛋白制品及含豆粉的早餐、谷类食物。还可以生产脱水豆类、婴儿食品和人造黄油；也可用于澄清苹果汁、啤酒等饮料，制造软糖，为病人提供易消化的食品，给日常食品添味等。此外，菠萝蛋白酶在消化道内分解食物蛋白质的能力强于人体自身分泌的蛋白酶，并可使肠胃黏膜的通透性增加，利于氨基酸的吸收和利用。

2. 在医学领域中的应用

（1）抑制肿瘤细胞的生长。有研究表明，人口服较高剂量的菠萝蛋白酶数周或数年，可明显抑制恶性肿瘤的发展且无副作用。体外研究表明，菠萝蛋白酶可抑制不同肿瘤细胞的增殖，其机理与菠萝蛋白酶可诱导细胞分化有关。另外，菠萝蛋白酶可选择性地水解及清除 CD44 细胞黏附分子，抑制肿瘤转移的第一步，并减小尿激酶型纤溶酶原激活因子（uPA）及其受体（uPAR）的浓度，抑制肿瘤转移的浸润过程。

（2）对心血管疾病的防治。菠萝蛋白酶作为蛋白水解酶对心血管疾病的防治是有益的。它能抑制血小板聚集引起的心脏病发作和中风，缓解心绞痛症状，缓和动脉收缩，加速纤维蛋白原的分解。

（3）用于烧伤脱痂。菠萝蛋白酶能选择性地除皮，使新皮移植得以尽早进行。动物实验证明，菠萝蛋白酶对邻近的正常皮肤无不良影响，且局部使用抗生素不影响菠萝蛋白酶的效果。

（4）消炎作用。菠萝蛋白酶是一种复杂的蛋白水解酶天然混合物，已被证明具有抗炎作用（冯盼盼，2019）。菠萝蛋白酶在各种组织中能有效地治疗炎症和水肿（包括血栓静脉炎、骨骼肌损伤、血肿、口腔炎、糖尿病人溃疡及运动损伤）。此外，还可以治疗腹泻。

（5）增进药物吸收。将菠萝蛋白酶与各种抗生素（如四环素、阿莫西林等）联用，能提高其疗效。相关研究表明，它能促进抗生素在感染部位的传输，从而减少抗生素的用量。据推断，对于抗癌药物，也有类似的作用。此外，菠萝蛋白酶能促进营养物质的吸收。

3. 在美容化妆品中的应用

菠萝蛋白酶具有嫩肤、美白去斑等优良功效。基本作用原理：菠萝蛋白酶可作用于人体皮肤上的老化角质层，促使其退化、分解、去除，促进皮肤新陈代谢，减少因日晒引起的皮肤色深现象，使皮肤保持白嫩状态。

4. 在饲料工业中的应用

将菠萝蛋白酶加入饲料配方或直接混合在饲料中，一方面可以促进动物体内营养物质的吸收，另一方面可以大大提高饲料本身的蛋白质利用率和转化率。菠萝蛋白酶可以用于开发更广的饲料蛋白源，从而降低饲养成本，增加养殖效益。此外，菠萝蛋白酶能够促进动物组织炎症的修复，对治疗腹泻有明显效果（陈丙沛和杨凯，2020）。

（五）发展趋势

随着人们对菠萝蛋白酶的不断认识，其应用的领域也越来越广泛，如食品加工业、纺织工业、皮革工业、饲料工业、美容保健及医药工业等，市场潜力巨大。目前国内提取植物蛋白酶的产业仍然处于起步阶段，产品主要应用于食品及化妆品等产业，较少应用于对酶纯度要求较高的医药业，另外菠萝蛋白酶在保健品行业的应用也相对较少（夏建华，2014）。因此，大规模开发高纯度酶的技术可以大大提高产品价值，市场前景广阔。

四、菠萝叶纤维

菠萝叶纤维（Pineapple leaf fiber，PALF），俗称菠萝麻，又称凤梨纤维，属叶脉纤维，是从菠萝收果后的废弃叶片中提取的纤维，以束纤维形式存在于菠萝叶片中。菠萝叶纤维资源丰富，光泽特殊，吸湿性、放湿性和热传导性好，凉爽光滑，且具有抗菌、除螨、除异味等特殊性能。经精细化加工处理后，外观洁白，柔软爽滑，可与天然纤维或合成纤维混纺，织物容易印染，吸湿透气，挺括不起皱，穿着舒适，适宜制作袜子、中高档西服、衬衫、各种装饰物及高级纸张，特别是制作贴身衣服和床上用品，是非常值得开发的新型纺织原料（彩图9）。

（一）化学组成

菠萝叶纤维主要由纤维素、半纤维素、木质素、果胶、脂蜡质等成分组成，其中纤维素含量占55%～70%（周姝敏，2019），比苎麻、亚麻低，略高于黄麻，木质素和半纤维素含量较高，半纤维素和果胶含量高是菠萝叶纤维吸湿、放湿快的主要原因。此外菠萝叶纤维中脂蜡质含量较高，光泽较好。

（二）结构特点

菠萝叶纤维表面比较粗糙，有纵向缝隙和孔洞，横向有枝节，无天然扭曲。截面呈椭圆形，内有胞腔，明显可见多孔中空。菠萝叶纤维以束纤维的形式存在于叶片中，是多细胞纤维，每根束纤维中有10～20根单纤维，单纤维长3～8 mm，宽7～18 μm，外层微纤与纤维轴交角为60°左右，内层为20°。菠萝叶纤维的结晶度、取向度均比亚麻、黄麻纤维高，这说明菠萝叶纤维分子链排列较规则。

（三）提取方式

1. 手工提取法

世界上最早提取菠萝叶纤维的国家是菲律宾，他们借助辅助工具成功提取出了菠萝叶纤维。其方法是利用破碎的陶瓷碎片的圆滑边刮除叶肉，取出上层纤维（菠萝叶向阳面一侧）；再以相同的方式得到下层纤维（菠萝叶背阳一侧）。这种提取方法需要操作人员有耐心，且耗时长，效率低。

2. 水浸法

水浸法提取即用水浸泡叶片 7～10 d，使其在 30 ℃自然发酵，纤维周围的组织遭到破坏失去稳定，经人工刮取、清洗、干燥，获得原纤维。

3. 生物化学法

将叶片浸入含有 1%纤维酶或其他酶液中，酶液的 pH 为 4～6，在 40 ℃下处理 5 h，破坏纤维周围组织，再经人工刮取、清洗、干燥获得原纤维。

4. 机械法

根据叶片组织中纤维强度和柔韧性比表皮和叶肉组织好的物理性质，用机械力破坏纤维周围组织，同时完成纤维和其他叶渣的分离，经清洗、干燥获得纤维。机械提取法主要是利用刮麻机，有纵向喂入式和横向喂入式两种。国外已有小型连续纵向喂入刮麻机，国内有中国热带农业科学院农业机械研究所研制的小型菠萝叶手拉式刮麻机。

菠萝叶纤维可以通过手工或机械剥取的方法制得，取得叶片后进行刮青处理，然后用水充分洗涤，日光晒干，利用阳光的氧化作用使纤维洁白光亮。制得的菠萝纤维经过适当化学处理后，可在棉纺设备、毛纺设备、亚麻及黄麻纺纱设备上进行纺纱。

（四）脱胶方式

1. 化学脱胶

化学脱胶就是用化学方法去除菠萝叶纤维胶质。首先采用预浸酸，接着在碱液作用下高温高压蒸煮，然后经过氧化氢（双氧水）漂白，再进行给油处理，利用原纤维中纤维素和胶质成分对无机酸、碱和氧化剂作用的稳定性不同，在去除半纤维素、木质素、果胶等胶质的同时保留纤维素成分（何俊燕 等，2020）。

按工艺分为一煮法和一煮一炼法。一煮法就是将菠萝叶纤维用碱液一次性完成煮炼任务，工艺简单，能源与化学试剂用量少，但脱胶质量较差；一煮一炼法又称精炼，就是在煮炼前或煮炼后增加一次精炼或浸碱的工序，完成脱胶任务，一煮一炼工艺增多，化学试剂用量大，但脱胶质量好。目前研究的结果表明，菠萝叶纤维因湿强低，不能打纤，所以需增加精炼方能制得较好的精干麻。目前菠萝叶纤维煮炼均采用苎麻蒸煮设备，压力控制比苎麻低。

2. 微生物脱胶

从不同的来源中分离获得不同的具有高效脱胶能力的菌种制成菌液，或采用现有工业化生产的生物脱胶制剂，通过浸渍菠萝叶纤维从而进行脱胶。我国正在进行研究，但对于工业化生产的研究未果，此方法即便在实验室也仍需化学药剂的辅助才能完成脱胶。

3. 物理-生物联合脱胶

考虑到生物和物理两种方法的优点，联合进行脱胶，从而进行高效高质量的脱胶。由于菠萝纤维单纤长度过低，必须采用含有一部分胶质的半脱胶方式来保证其可纺性（汪乐等，2018）。利用生物酶的专一性，分别用半纤维素酶、木质素酶、果胶酶作用于相应的成分，从而尽可能多地除去原纤维表面胶质和相应成分，分离出纤维素，以提取出具可纺性的菠萝纤维。

4. 机械脱胶

通过机械的搓揉、轧软或拉扯等作用，可将菠萝叶纤维表面的胶杂质薄膜轧破，部分杂质因破碎而落下，或通过机械力使纤维互相拉扯而将部分胶质除去。机械方法主要作用是脱去表面的胶质，纤维内部的杂质则难以脱去，但可弥补化学作用的不足。由于用机械脱胶所得的纤维支数较低，故只能制作特定用途的纱线，若需纺制高支细纱，必须辅以化学脱胶方法进行进一步处理。

5. 蒸汽爆破脱胶

菠萝叶纤维用蒸汽加热至150～250 ℃，保持压力，在突然减压喷放时，蒸汽立即喷出，体积迅速变大，受蒸汽力的作用，原纤维经爆破分散开，在高温高压的作用下，半纤维素、木质素、果胶等被降解成小分子可溶性物质而脱除，从而达到脱胶的目的。理论上分析，蒸汽爆破脱胶不仅可以避免化学脱胶带来的污染，还解决了生物脱胶成本高、效率低及质量不稳定的弊端。但是，就目前的技术与设备而言，尚未能应用于工业化脱胶。

（五）产品性能

1. 吸放湿性能

菠萝叶纤维中含有大量的亲水基团，纤维之间有大量的缝隙和孔洞，比表面积较大，木质素和半纤维素成分较多，有利于水分的稳定吸收，因此菠萝叶纤维的吸放湿性能优异。

2. 抗菌性能

菠萝叶含有天然抑菌、杀菌物质，可有效杀灭细菌、抑制细菌生长。经检验证明，菠萝叶纤维对金黄色葡萄球菌的杀菌值及抑菌值均符合日本标准JIS L 1902—2008规定，抗菌效果明显。

3. 防螨性能

实验证明：菠萝叶纤维具有显著的防螨性能，且不需要添加任何化学物质和进行任何化学防螨处理，天然环保。以菠萝叶纤维为原料制作的凉席，驱螨率达到80%以上，具有较好的驱螨防螨效果。

4. 除异味性能

相关文献表明，在60 L密封玻璃瓶中加入一定量的氨、乙酸、乙醛、甲醛、苯等气体，用300 g菠萝叶纤维处理72 h后，气体浓度下降59%～98%，说明菠萝叶纤维具有明显的去除异味的作用。

（六）在不同行业中的应用

1. 在纺织行业中的应用

用菠萝叶纤维制成的织物易染色，吸汗透气，挺括不起皱，具有良好的抑菌防臭性能，适宜制作高、中档的西服、衬衫、裙裤、床上用品及装饰织物等（Mohammad et al.，2021）。目前，已有人成功利用不同的纺纱技术纺制出菠萝叶纤维的纯纺纱与混纺纱。用菠萝叶纤维和棉混纺纱还可生产牛仔布，织制窗帘布、床单、家具布、毛巾、地毯等，特别是可用于制成工业用布，用于水库、河坝等的加固防护（王红和邢声远，2010）。

2. 在材料行业中的应用

菠萝叶纤维刚性大，经过表面改性可增加它与树脂、橡胶等高分子材料的相容性。研究表明，菠萝叶纤维还可作为环氧树脂、聚乙烯、聚丙烯、乙烯酯、聚酯及聚碳酸酯等复合材料的增强剂。此外，还可以用于强力塑料、屋顶材料、绳索和工艺编织材料。

3. 在造纸行业中的应用

由于菠萝叶纤维长，生产的纸浆的撕裂度高，且具有良好的透气性、吸墨性及耐折性，因此被用来制造多种用途的纸，如薄形包装纸、滤纸、卷烟纸、茶叶包装纸、宣纸、化妆纸及绝缘纸等。

4. 在食品行业中的应用

在食品制造中，菠萝叶纤维可以用于制造多种饮品，如酿造啤酒和白兰地，酿制果醋，制成乳酸、乳酸饮料、菠萝皮汁，它还可用于生产果冻、生产酵素、开发膳食纤维食品等。

（七）发展趋势

利用菠萝叶提取纤维，可为我国纺织行业提供一种具有优异特性的天然纺织原料，为推动我国纺织行业开发新产品、提高企业竞争力创造有利的条件。按每公顷可用于提取纤维的菠萝叶片有 75 t 计，按照菠萝叶提取纤维制得率约为 1.5%，则每公顷产纤维达到 1.13 t，如果能加以合理利用，将在很大程度上提高菠萝种植的经济效益和社会效益，促进菠萝种植业的持续发展。特别是菠萝叶纤维具有的独特抗菌性能，在保健和医用纺织品领域具有巨大的市场潜力。菠萝叶纤维的开发迎合了现代人们对纺织品功能化、环保化的要求。

五、菠萝膳食纤维

膳食纤维（Dietary fiber，DF）是一类不能被人体消化酶消化，也不能被小肠吸收的以多糖为主的高分子物质的总称，主要成分包括纤维素、半纤维素、木质素及树胶、果胶、黏质等。膳食纤维被称为人类的第七大营养素，享有“肠道清洁夫”和“生命绿洲”的美称，对预防龋齿、降血脂、促进肠道消化吸收、防止便秘、减肥、降低血糖、降低血压等都有一定的作用（叶秋萍 等，2019）。膳食纤维的主要原料来源为豆渣、苹果渣等许多植物果皮渣。

菠萝在我国种植广泛，菠萝加工中产生大量的菠萝皮渣，且这些果皮渣多作为废物丢弃，这样既造成环境污染，又是对资源的极大浪费。菠萝皮渣中含有大量的膳食纤维，可作为膳食纤维的来源（杭瑜瑜 等，2017）。从中提取膳食纤维既保护环境又节约资源。

（一）组成和分类

膳食纤维依据溶解性分为 2 个基本类型：可溶性纤维（Soluble dietary fiber，SDF）与不可溶性纤维（Insoluble dietary fiber，IDF）。SDF 分为果胶、β-葡聚糖、半乳甘露糖胶、菊糖和大量不易消化的低聚糖类，主要来源于果胶、海藻、魔芋等；IDF 分为木质素、纤维素和半纤维素等三类，主要来源于全谷物粮食类，包括麦类、米类及豆类等谷物，以及蔬菜和水果等果蔬类（曲鹏宇 等，2018）。菠萝果实含有较高的膳食纤维，总膳食纤维含量在46.30%～69.64%。其中，IDF的含量在37.23%～61.19%，SDF的含量在9.22%～19.07%。菠萝果实可作为一种重要的膳食纤维补给源（史俊燕，2010）。

（二）理化特性

1. 水合作用

由于膳食纤维具有多孔状结构，且含有很多亲水性基团，故其具有很强的水合作用。膳食纤维的水合能力一般以持水力和膨胀率等指标来衡量（叶秋萍 等，2019）。戴余军等（2013）采用纤维素酶水解法提取菠萝皮中的SDF，得到的膳食纤维的持水力为11.86 g/g，溶胀性为15.5 mL/g，持油力为6.94 g/g。

2. 离子交换能力

膳食纤维中含羧基和羟基等活性基团，与肠胃内的铁、钙、铜、汞和镉等二价金属阳离子结合，进而表现出相应的阳离子交换能力。通过离子交换可使有害离子随粪便排出。

3. 吸附能力

膳食纤维分子表面含有很多活性基团，可以吸附其他分子，不仅包括油类、香气等物质，赋予食品各种香气和风味，还包括矿质离子、重金属和盐类物质，还可吸附肠道中的某些物质如脂肪颗粒等，起到降血脂的作用（叶秋萍 等，2019）。

4. 菌群调节作用

膳食纤维在肠道难分解消化，只有在含有大量微生物的大肠内才能被消化。其分解产生乙酸、丙酸等短链脂肪酸，酸性增强，不仅能抑制厌氧菌及毒害菌的产生，还有利于好氧有益菌的生长，能很好地调节生物体体内种群的结构、分布和消长等（曲鹏宇 等，2018）。

5. 溶解性和黏性

膳食纤维的溶解性主要是由其有序和无序结构的稳定性所决定的。结构越不规则，溶解性越好。如瓜尔胶具有较好的溶解性是因为它有不规则的主侧链结构；而纤维素具有线性有序结构，因此溶解性差（叶秋萍 等，2019）。

（三）生理功能

膳食纤维具有如下生理功能。

（1）促进肠道蠕动，防止便秘功能。可溶性膳食纤维具有较强的持水性，可使大肠道内排泄物湿润、松软，促进肠道生物学蠕动，便于排泄。不溶性膳食纤维通过微生物发酵降解，增加酸性和粪便量。

（2）降低血压功能。膳食纤维能吸附离子，与肠道中的钠离子、钾离子进行交换，从而降低血液中钠钾比值，从而起到降血压的作用。

（3）降低胆固醇功能。膳食纤维可加快脂肪通过肠道的速度，通过螯合吸附胆固醇和胆汁酸等有机分子，抑制和减缓人体对胆固醇的吸收，起到降低人体摄入胆固醇及潜在的心脑血管疾病风险的作用（曲鹏宇 等，2018）。

（4）降糖功能。研究表明许多疾病如高血压、高血脂、糖尿病等都与膳食纤维的摄入量不足有关（宋康 等，2020）。膳食纤维能够与肠道内的糖类物质进行离子交换并结合，可改善调节体内生物菌群，减缓淀粉酶解的速度，起到降低血糖的作用；膳食纤维还能够改善胰岛素的生物活性，可有效降低胆固醇和低密度脂蛋白数量，提高胰岛素降血糖作用，对糖尿病患者极其有利（杭瑜瑜 等，2017；曲鹏宇 等，2018）。

（5）预防癌症功能。相关研究表明，膳食纤维能够调节肠道健康，预防冠心病和肠道疾病（宋康 等，2020）。高膳食纤维的饮食习惯可以降低乳腺癌和结肠癌的发病率（曲鹏宇 等，2018）。

（6）提高人体免疫力。膳食纤维可以刺激肠道内黏膜细胞生长，抑制肠道细菌的滋生，为肠道菌群生长提供所需的代谢物质和良好的生存环境，调节肠道菌群，从而增强人体的免疫力。

（四）制备及改性方法

1. 膳食纤维的制备方法

（1）化学法。化学法提取是采用化学试剂来分离膳食纤维，主要有酸法、碱法和絮凝法等，化学法提取膳食纤维的优点是生产成本较低，但是制备出的膳食纤维产品色泽欠佳，会产生大量的废液，对环境造成严重的影响，因此还需进行改进。

（2）酶法。酶法提取是利用各种酶，如蛋白酶、α-淀粉酶、糖化酶等降解原料中的非膳食纤维成分（宋康 等，2020）。酶法的优点是酶作用条件温和，通常不需进行高温高压便可使反应顺利进行，因此对环境的污染较小。酶法提取所获得的膳食纤维纯度高、杂质少，是一种较为理想的工业化生产膳食纤维的方法。

（3）生物发酵法。生物发酵法是利用微生物的发酵作用，从发酵底物中提取膳食纤维的一种方法（林丽静 等，2015）。发酵法制备膳食纤维纯度较高、生物活性也较高，风味、色泽等也更好，理化性质优良。但由于生物反应器的限制，目前还无法实现工业化和规模化生产。

（4）膜分离法。膜分离法是一种新兴的分离技术，以选择性的透过膜为分离递质，当膜两侧存在一定的电位差、浓度差或压力差时，原料一侧的组分会选择性地透过膜，从而达到分离、浓缩和纯化的作用（丁莎莎 等，2015）。但此法目前仅适用于可溶性膳食纤维的分离制备，不可溶性膳食纤维的分离还需进一步研究。膜分离法的优点是不需要添加化学试剂，选择性好，能耗低等，但是膜分离法对设备要求高，目前的技术还不成熟，有待进一步改善发展。

（5）生物化学结合分离法。生物化学结合分离法是酶法和化学法相结合的方法，吸收了两者的优点，提取效率高，避免了酸碱的大量使用，减少了酸碱浸泡对产品生物活性的影响，制备的膳食纤维产品纯度较高。

2. 膳食纤维的改性方法

（1）化学改性法。化学改性法主要利用酸、碱等化学试剂处理，可部分改变膳食纤维的结构，使其具有较好的性质和功能。膳食纤维结构中含有大量的羟基和羧基，可以进行酯化和醚化改性。有针对性地进行化学结构修饰改性，可制备高生物活性和功能特性的膳食纤维，但是这种方法存在很大的弊端，如化学试剂的引入可能会给人体带来很大的安全隐患。

（2）物理改性法。物理改性法是膳食纤维改性法中最常用的一种基础方法，最常规的几种方法分别是高温、高压和增加剪切力。膳食纤维改性大致可以分为挤压蒸煮技术、超微粉碎技术和超高压（或瞬时高压）技术三种。物理改性法由于其污染程度小，易操作，是目前研究膳食纤维改性的主要方法。其中，挤压膨化技术与超微粉碎技术已广泛应用于膳食纤维原产品的改性处理；蒸汽爆破技术近年来也受到越来越多的关注，蒸汽爆破处理能显著提高可溶性膳食纤维含量，持水、持油性表现良好（姜永超 等，2019）。对于超微粉碎技术而言，分为干法粉碎和湿法粉碎，这两种超微粉碎法对膳食纤维的改性都有效果，并且湿法对多数指标的改性效果均达到显著水平，优于干法（程明明 等，2016）。

（3）生物改性法。生物改性法主要包括酶法和发酵法。主要是利用微生物发酵过程中产酸、产酶，或是直接加入酶制剂等方法，将一部分纤维素、半纤维素降解为可溶低聚糖，力求改善膳食纤维的理化以及生理功能特性，从而提高膳食纤维的含量。生物改性条件比较温和，无化学溶剂污染，改性后产品中可溶性成分增多，持水力、膨胀力和吸附性等生物活性功能提高，同时产品的色泽和口感都较好，是较好的改性发展方向。但是生物改性技术成本较高，酶制剂的成本以及微生物菌种的选育培育是制约其发展的关键因素。而且生物改性技术所需生产周期长，生产效率低，工艺仍需进一步的优化（Zhang et al.，2011）。

结果表明，三种改性方法对膳食纤维均有影响，但生物改性法中的发酵法影响最大，发酵后膳食纤维表面碎片较多，层状结构严重破坏，内部结构进一步暴露，结构呈现疏松多孔形态（Ren et al.，2021）。

（五）食品中的应用

1. 在食品中的应用

菠萝是膳食纤维的优质来源，在米饭中添加菠萝膳食纤维，可增加米饭蓬松清香的口感；在馒头中加入6%的菠萝膳食纤维，成品颜色及味道如同全麦粉做成的馒头，且有特殊的香味，口感良好；面条中加入5%的菠萝膳食纤维，韧性良好，耐煮耐泡，更为清爽适口。在乳制品中使用膳食纤维也很普遍，也可以将其添加到饮料中，提高饮料的稳定性。将菠萝膳食纤维添加到冰激凌和奶酪等乳制品中，可以改善奶酪类和冰激凌的口感。

2. 在焙烤食品中的应用

将膳食纤维添加到烘焙食品中，可以延缓产品热量损失，增强食品抗氧化能力、发酵能力和保水能力。利用膳食纤维的持水功能，可以有效延长焙烤食品的新鲜度，改善面包的比容、黏弹性、柔软度和硬度（曲鹏宇 等，2018）。

3. 在果酱、果冻食品中的应用

在果酱、果冻的制作中膳食纤维可以起很大的作用，增加了食物的适口性和感官喜好性。利用菠萝膳食纤维加工的果冻、果酱，不但具有菠萝的风味，而且富含丰富的营养。在果酱的加工过程中，利用果胶的凝胶功能提高了果酱产品的稳定性（曲鹏宇 等，2018）。

（六）发展趋势

21世纪食品发展的主题是健康及美味。人们对于食品的要求不仅是健康更要求美味。传统膳食纤维口感粗糙，味道平淡无疑是不理想的，未来取而代之的是具有良好口感和质感的新一代膳食纤维（吕国英 等，2021）。菠萝膳食纤维不仅口感良好，具有菠萝的香味，还能增加饱腹感，很适合应用于减肥美容等食品中。膳食纤维可用于预防和治疗糖尿病、心血管疾病、便秘、癌症、肥胖症等，因此可应用于医疗保健食品行业中。菠萝膳食纤维经过科学合理的提炼加工，还可用于纤维素纳米晶生产。从目前研究开发的资源来看，现阶段国内外的研究主要集中于谷物纤维，对于作为饮食中主要膳食纤维来源的果蔬纤维的研究则较少（李梓铭和李红爱，2018）。针对菠萝膳食纤维的研究很有必要，如能将其中富含的膳食纤维进行合理开发，使其变废为宝，将会减少资源浪费和环境污染，具有重要的经济和生态价值。

六、益生菌发酵饲料

益生菌发酵饲料是一种以菠萝皮渣为原料，通过发酵工程、酶工程、蛋白质工程和基因工程等生物工程技术开发的一类饲料产品的总称，包括发酵饲料、酶解饲料、菌酶协同发酵饲料和生物饲料添加剂等。菠萝皮渣发酵饲料是含有益生菌及其代谢产物的生物活性饲料，微生物发酵可以通过改变饲料底物的理化特性，提高饲料的消化利用率（龚霄 等，2016）。在发酵过程中，益生菌菌体得到扩大培养，并产生大量的中间代谢产物，维持肠道微生物稳态，改善肠道功能和机体免疫，最终达到饲料资源开发、动物机体健康提升和优质安全畜产品生产的目的（汪以真 等，2021）。目前，关于菠萝皮渣微生物发酵饲料的研究大多停留在实验室工艺研究阶段，缺少中试工艺熟化和大规模动物饲喂试验的数据支持。

（一）营养功能

1. 营养成分

菠萝皮渣中富含纤维素、半纤维素、木质素以及果胶等成分，在发酵过程中，微生物会大量繁殖，并分泌纤维素酶、木质素酶、半纤维素酶及果胶酶等多种酶类，可直接降解菠萝皮渣中的纤维素、半纤维素和木质素，并在原有基础上进一步提高生物内部蛋白质的含量（王惠 等，2018）。通过对其混合发酵而制作的菠萝皮渣颗粒饲料，富含蛋白质、氨基酸、维生素及多种微量元素。

2. 活性物质

菠萝微生物发酵饲料中含有酚类、酰胺类等成分，具有降血脂血糖、抗氧化性、抗菌性、除异味等性能。

（二）生产工艺

菠萝皮渣饲料加工工艺是指从原料的收集到饲料成品出厂的全部过程。一个完整的菠萝皮渣饲料加工工艺包括原料的接收、粉碎、计量配料、混合、接种、发酵、干燥、制粒、冷却和包装等，具体工艺流程如图 6－4 所示。

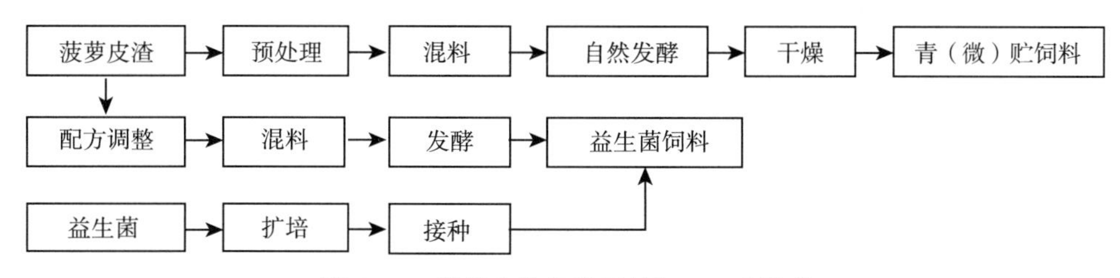

图 6－4　菠萝生物发酵饲料加工工艺流程

1. 青贮饲料

菠萝皮渣青贮后的菠萝叶/渣饲料中含有大量乳酸等营养物质，有助于奶牛对饲料的消化吸收，提高奶牛的产奶量和牛乳品质。

2. 微贮饲料

将提取纤维后的菠萝叶渣适当风干，含水量控制在 70%～75%为宜。均匀喷洒微贮用微生物菌剂，混合均匀后装入密封的塑料桶中，装满压实，置于阴凉处发酵 30 d 即可用于饲喂。微贮饲料喂养明显提亮育肥猪的体表光泽度，有利于猪摄食消化吸收和体征健康，有利于改善肉质。菠萝叶渣微贮饲料须与精饲料混合饲喂，防止因单独饲喂菠萝叶渣而引起腹泻。

七、小结

菠萝果实风味独特、营养丰富，是全球最喜爱的热带水果之一。每年菠萝加工过程中均会产生大量的副产物和下脚料，如果皮、果核、茎、冠和叶等，据不完全统计，产生的这些副产物约占半个菠萝的重量。菠萝副产物主要包括菠萝皮渣和菠萝茎叶，其中菠萝皮渣富含糖类、脂肪、蛋白质、维生素 C 和有机酸等，被广泛用于制备发酵饮品，提取菠萝蛋白酶等营养物质，制作菠萝皮渣饲料和生物有机肥；菠萝茎叶被用于纺织品纤维材料的提取以及生物有机肥的制作。菠萝副产物的综合利用可以提升菠萝的附加值，对增加农民收入和节约资源具有重要意义。随着国家对菠萝产业绿色发展的重视，菠萝副产物综合利用需要不断优化生产配方与工艺、持续改进设施与装备，加快建立绿色、无抗、高效的饲料加工体系。

参考文献

陈丙沛，杨凯，2020. 一种菠萝芯发酵饲料在生猪养殖中的应用 [J]. 畜牧业环境（10）：69.

陈星星，黄振华，潘道东，等，2019. 蛋白酶在肉制品加工中的应用进展 [J]. 浙江农业科学，60（6）：1000－1002.

程明明，黄苇，2016. 两种超微粉碎法对西番莲果皮水不溶性膳食纤维改性效果的研究 [J]. 现代食品科技，32（12）：247－253.
戴余军，石会军，李长春，等，2013. 菠萝皮可溶性膳食纤维提取工艺的研究［J］. 热带作物学报，34（09）：1798－1802.
丁莎莎，黄立新，张彩虹，等，2016. 膳食纤维的制备、性能测定及改性的研究进展［J］. 食品工业科技，37（8）：381－386.
冯盼盼，陈大朋，王亮，等，2019. 纯化果实菠萝蛋白酶各组分对于结肠炎的缓解作用及其作用机制［J］. 中国药理学与毒理学杂志，33（9）：743.
龚霄，王晓芳，林丽静，等，2016. 菠萝皮渣发酵饲料的品质研究［J］. 农产品加工（17）：56－58.
杭瑜瑜，裴志胜，齐丹，2017. 菠萝皮渣膳食纤维的单糖组分分析及理化性质研究［J］. 食品研究与开发，38（15）：26－31.
何俊燕，张劲，连文伟，等，2020. 菠萝叶纤维化学脱胶过程中理化性能变化规律［J］. 上海纺织科技，48（3）：1－4.
何运燕，欧仕益，2008. 菠萝茎营养成分的测定［J］. 现代食品科技（10）：1061－1062，972.
胡杨，周梦舟，2017. 膳食纤维在食品中应用的研究进展［J］. 粮油食品科技，25（4）：52－55.
姜永超，林丽静，龚霄，等，2019. 物理改性处理对菠萝皮渣膳食纤维物化特性的影响［J］. 热带作物学报，40（5）：973－979.
赖惠珍，2018. 菠萝皮渣制备酵素研究［D］. 广州：华南农业大学.
李梓铭，李红爱，2018. 膳食纤维研究现状的问题分析及发展方向的预测［J］. 现代食品（10）：10－14，18.
李兴，林哲甫，2002. 果菠萝蛋白酶用 TiO_2 多孔陶瓷柱层析结合超滤法纯化的研究［J］. 中国医药工业杂志，33（3）：121－123.
林丽静，黄晓兵，谢军生，等，2015. 发酵法制备菠萝皮渣膳食纤维的研究［J］. 农产品加工（24）：23－25.
吕国英，张作法，潘慧娟，等，2011. 食用菌膳食纤维研究进展［J］. 浙江农业学报，23（1）：421－426.
曲鹏宇，李丹，李志江，等，2018. 膳食纤维功能、提取工艺及应用研究进展［J］. 食品研究与开发，39（19）：218－224.
史俊燕，2020. 菠萝果实膳食纤维等功能成分的研究［D］. 海口：海南大学.
史清源，夏兆鹏，2011. 菠萝叶纤维精细化处理及其应用技术研究进展［J］. 轻纺工业与技术，40（4）：95－97.
宋康，宋莎莎，弓志青，等，2020. 水不溶性膳食纤维生理功能、制备工艺及应用研究进展［J］. 食品工业，41（2）：258－262.
王红，邢声远，2010. 菠萝叶纤维的开发及应用［J］. 纺织导报（3）：52－54.
王惠，安冬，刘梦璇，等，2018. 秸秆生物发酵饲料的经济效益及社会效益探讨［J］. 中国饲料（20）：86－89.
汪乐，高可，刘雪婷，等，2018. 菠萝叶纤维物理生物联合脱胶工艺探讨及其性能分析［J］. 纺织科学与工程学报，35（2）：60－64.
王鑫鹏，付绍斌，2021. 可溶性膳食纤维用于改善膳食微量营养素缺乏作用的探讨［J］. 中国调味品，46（4）：134－136.
汪以真，王成，靳明亮，等，2021. 生物发酵饲料与生猪健康养殖［J］. 饲料工业，42（2）：1－6.
夏建华，2014. 蛋白酶的保健应用［J］. 食品安全质量检测学报，5（7）：1990－1996.
姚志芳，冯宇哲，张晓卫，等，2021. 酵母菌在湿鲜生物发酵饲料中的应用研究进展［J］. 青海畜牧兽医杂志，51（3）：46－51，61.
叶秋萍，曾新萍，郑晓倩，2019. 膳食纤维的制备技术及理化性能的研究进展［J］. 食品研究与开发，

49 (17): 212 - 217.

张文溪，2018. 可溶增稠膳食纤维对营养素消化吸收及减重的影响 [D]. 无锡：江南大学.

张秀林，魏小兵，2017. 益生菌发酵饲料对仔猪生长和免疫功能影响的研究进展 [J]. 中国畜牧兽医文摘，33 (3): 9 - 10.

张政，2017. 活性酵母及其发酵饲料对瘤胃发酵及营养物质消化率的影响 [D]. 呼和浩特：内蒙古农业大学.

周姝敏，2019. 菠萝叶纤维的脱胶工艺及其结构与性能研究 [J]. 印染助剂，36 (3): 52 - 54, 58.

朱坤，毛胜勇，朱崇淼，等，2018. 发酵饲料对育肥猪生长性能、胴体性状、肉品质、血清生化指标和代谢产物的影响 [J]. 动物营养学报，30 (10): 4244 - 4250.

Chen DH, Huang SH, 2004. Fast separation of bromelain by polyacrylic acid - bound iron oxide magnetic nanoparticles [J]. *Process Biochemistry*, 39 (12): 2207 - 2211.

Dahye K, Sung JJ, Choon CK, 2021. A preliminary study on effects of fermented feed supplementation on growth performance, carcass characteristics, and meat quality of hanwoo steers during the early and late fattening period [J]. *Applied Sciences*, 11 (11): 5202 - 5202.

Jalil MA, Parvez MS, Siddika A, et al., 2021. Characterization and spinning performance of pineapple leaf fibers: an economic and sustainable approach for bangladesh [J]. *Journal of Natural Fibers*, 18 (8): 1128 - 1139.

Rabelo APB, Tambourgim EB, Jr AP, 2004. Bromelain partitioning in two - phase aqueous systems containing PEO - PPO - PEO block copolymers [J]. *Journal of Chromatography B*, 807 (1): 61 - 68.

Ren FY, Feng YL, Zhang HJ, et al., 2021. Effects of modification methods on microstructural and physicochemical characteristics of defatted rice bran dietary fiber [J]. *LWT - Food Science and Technology*, 151: 112161.

Zhang HW, Yang MD, Fan XF, 2011. Study on modification of dietary fiber from wheat bran [J]. *Advanced Materials Research*, 183: 1268 - 1273.

第七章 菠萝加工新技术

一、简介

菠萝是一种深受消费者喜爱的水果，凭借其丰富的营养、诱人的色泽和良好的风味常被加工成菠萝罐头、饮品、果酱和果脯等多种产品。由于菠萝鲜果的品质难以长期保持，加工技术的运用可延长菠萝的货架期。传统果蔬加工方式包括热加工、冷冻和干燥等。菠萝加工产品需注重色泽、气味、滋味和质构，此外也要确保一定的营养价值和足够的安全性。传统加工技术可一定程度解决产地损耗问题，但在果蔬本身营养保持和风味保留上仍存在诸多不足，有待进一步研究。从 20 世纪 90 年代中期，涌现出越来越多关于水果类产品的非热加工新技术，与热加工相比，新技术对营养和感官品质产生的不良影响更小，更符合新时期人们对新鲜、健康、营养饮食的追求，市场潜力巨大。一些新技术已经被专业监管机构批准用于食品加工，逐渐从实验室研究过渡到工厂中试阶段，甚至实现了商业化应用。本章节将介绍多种菠萝加工新技术的原理、设备要求、研究进展及其对加工产品质量的影响等。

二、高静压

压力是一个重要的热力学参数，对分子体系有着重要的影响。在过去的 20 年中，高静压技术（High hydrostatic pressure，HHP）已经成为一项新的非热加工技术并且满足了消费者对原生态食品的需求。HHP 灭活微生物的主要机理在于高压能破坏蛋白质、多糖、脂质、核酸等生物大分子的非共价键，使微生物细胞形态发生改变，抑制酶的活性和 DNA 等遗传物质的复制等（张俊超 等，2020）。高静压系统通常包括高压室、压力发生装置和压力传导流体等（图 7－1），食品加工中的高静压通常达 100～1 000 MPa，对于果汁等液态食品，其自身可以充当压力传导流体，通过高压舱的压缩或加热来达到目标压力，高压设备通常比较专业和昂贵（Elamin et al.，2015）。

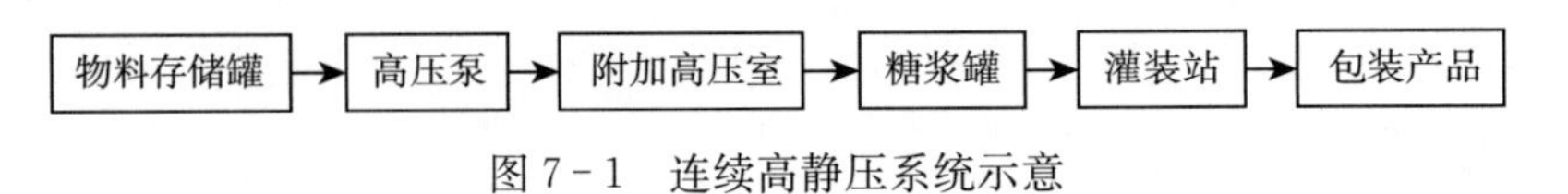

图 7－1　连续高静压系统示意

高静压技术在菠萝果汁中的加工应用已有相关研究。张微（2010）比较了超高压和热处理对菠萝汁品质影响的差异，结果表明二者均能有效降低菌落总数，pH、总糖和总酸等基本组分的含量差异不显著，但超高压处理的菠萝汁体系更加均匀稳定，更好地保持原有色泽。菠萝中的菠萝蛋白酶具有抗血小板聚集、溶解纤维蛋白和抗炎等功能，但也是一种常见的过敏原，通过调整高静压处理技术的工艺条件，可以最大限度保留菠萝汁中菠萝蛋白酶的活性，同时降低其致敏性，提升菠萝汁产品的品质（梁娟 等，2017）。此外，添加于糖浆中的菠萝肉丁也可以采用高静压来处理，与传统热加工相比，高静压处理后的肉丁有利于保留糖浆中的可溶性固形物，并且其形状和微观结构更佳（Rinaldi et al.，2020）。

三、脉冲电场

高压脉冲电场（Pulsed electric field，PEF）是近年来食品非热处理研究领域的热点之一，目前研究者们普遍接受的原理是电崩解理论与电穿孔理论，即在某个临界场强下脉冲电场会导致细胞膜的通透性增大，破坏微生物膜内外的渗透平衡，从而瞬时破坏微生物的细胞膜，达到杀菌的目的。目前，高压脉冲电场主要在果蔬汁、茶汤与牛奶等液体食品的杀菌中应用较多，在鲜切果蔬保鲜中的应用刚刚起步（张艳慧 等，2020）。脉冲电场加工系统通常包括处理室、脉冲电源以及控制监测系统（图 7－2）（Arshad et al.，2020）。处理室中至少有两个电极，其中的高密度电场达 20～80 kV/cm，食品基料被泵入或者输送至处理室中。自 2006 年第一台脉冲电场果汁加工设备落地后，脉冲电场开始商业化运用于果汁加工（Kempkes et al.，2017）。相较于热加工，脉冲电场处理产生的热效应很低，对植物组织中的色素、维生素和风味成分等的损害程度较低。方婷等（2009）研究了 PEF 处理菠萝汁和冷冻浓缩菠萝汁后微生物数量的变化情况，结果表明 PEF 能降低果汁中的菌落总数和霉菌总数，但其效果不如热处理，这可能与 PEF 电场参数还有待改善有关。有研究表明，电场强度越大，对菠萝汁的保藏效果越好，PEF 处理后的菠萝汁在贮藏过程中微生物增长减缓，总酚、β-胡萝卜素减少的速率也降低，抗氧化能力减弱得更慢（Abu et al.，2020）。在冻干菠萝前，采用脉冲电场进行处理，可以使菠萝干产品的缩水程度降低，形状更加饱满，口感更脆，复水能力更强，但对不同原料的效果会有所差异（Ammelt et al.，2021）。

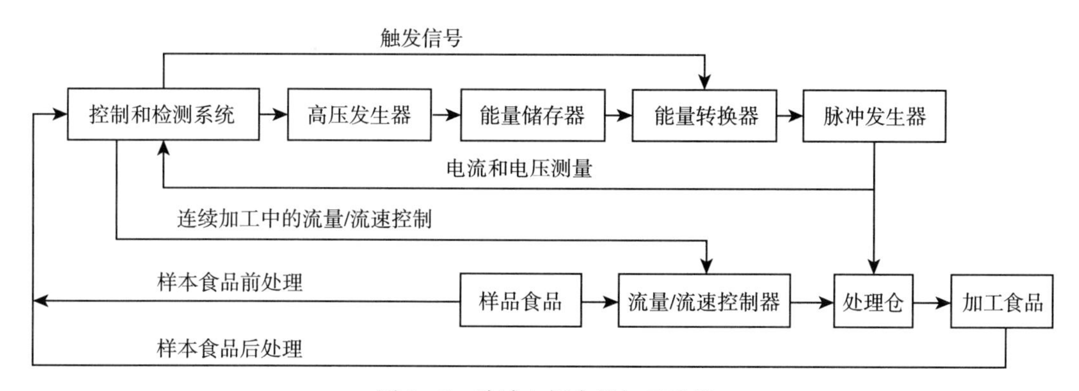

图 7－2　脉冲电场食品加工系统

四、电离辐射

电离辐照技术是食品非热加工的关键技术，具有先进性，其原理在于射线作用于微生物，破坏微生物的遗传物质结构，使其无法继续正常繁殖，可以有效消除食品内的病原微生物、寄生虫等，延长食品的保质期（郑读 等，2021）。辐射加工常用的技术有钴源辐照和加速器辐照。据测定，使用 2 kGy 剂量射线处理食品时，食品温度上升约 0.5 ℃，在 25 kGy 剂量下最高上升 6 ℃。食品加工环节中食品内部的温度并没有明显变化，不会对产品的风味、营养和外观等产生较大的影响。辐照食品是否有毒副作用和放射性危害的问题备受关注，辐射加工中主要应用的是钴-60 放射源，这是一种封闭型放射源，放射性物质主要存放在具有两层密封结构的不锈钢外壳内，并且食品加工企业完全按照国家标准进行辐射装置的建设和应用，辐射装置和辐照产品保持着规定的距离，可以有效消除放射源泄露等问题。世界卫生组织也曾公布，辐照加工方式和巴氏杀菌消毒方式的安全性是一致的，常用剂量的电离辐射并没有带来毒理学、微生物学和营养学方面的危害（许丽丽 等，2020）。

菠萝采后，经 50～250 Gy 辐射，再在 11～13 ℃贮藏，可以减少真菌性病害和衰老引起的采后损失，但当剂量大于 250 Gy 时，会引起果皮褐变和组织软化（Damayanti et al.，1993）。Hajare 等用 2 kGy 的 γ 射线处理鲜切包装后的菠萝，并在 8～10 ℃中贮藏 12 d，结果表明辐照后菠萝中的维生素 C、总酚的含量和感官品质无显著变化（Hajare et al.，2006）。

五、膜分离

膜是指具有选择性分离功能的物理介质，在相邻流体之间形成不连续区，实现对流体中各组分的选择性透过。因此，膜分离过程借助膜的选择透过性，在压力差、浓度差、电位差等驱动力的作用下，选择性地将一种或多种成分从一种介质传递到另一种介质中。水果加工领域中，常用微滤、超滤、纳滤和反渗透等过程实现对果酒和果汁等的澄清和浓缩。微滤（Microfiltration，MF）膜的孔径范围为 0.1～10 μm，可用于去除物料中的悬浮颗粒、杂质和大分子物质；超滤（Ultrafiltration，UF）膜的孔径范围为 1～100 nm，可有效去除料液中的胶体、大分子有机物和微生物等物质；纳滤（Nanofiltration，NF）膜的孔径范围为 0.5～2 nm，能有效截留糖类等低分子有机物和高价无机盐，而对单价无机盐的截留率低；反渗透（Reverse osmosis，RO）膜十分致密，孔径低于 1 nm，能有效除去水中的无机盐离子及 0.1～2 nm 的有机小分子物质。膜分离技术具有可在常温下操作、分离过程无相变、选择性高且能耗低等优点，但一般浓差极化现象和膜污染会导致滤膜的渗透通量降低（郭浩 等，2019）。

刘智钧等（2009）研究了超滤、纳滤和反渗透膜处理菠萝汁的最佳工艺条件，超滤处理菠萝汁的最佳操作压力为 0.12 MPa，反渗透与纳滤处理菠萝汁的最佳操作压力均为 0.50 MPa，超滤膜分离可基本保留菠萝汁中的营养成分，并有效去除果汁中的微小颗粒物质，起到了澄清作用，反渗透与纳滤处理菠萝汁，能够对果汁起到一定的浓缩作用。有多项研究表明，经过微滤膜处理后的菠萝汁的 pH、酸度和可溶性固形物含量等理化指标没有显著变化，而微生物的数量显著减少，基本得以完全滤除，微滤技术作为一种非热加工技术，可以较好地维持果汁的性质和风味（Carneiro et al.，2002；Laorko et al.，2010；Laorko et al.，2013）。微滤也可用于菠萝酒的澄清和除菌，工艺条件为膜孔径 0.2 μm，跨膜压力 0.2 MPa，横流速度 2.0 m/s（Youravong et al.，2010）。

六、欧姆加热

欧姆加热（Ohmic heating，OH）是一种新型的食品加工技术，其原理是利用电极将电流直接导入食品，利用食品物料自身的电导特性对食品进行加热。与传统加热方式相比，欧姆加热过程中，物料升温均匀、快速，能够有效避免传统加热过程中所遇到的局部过热和焦煳现象等问题。除此之外，欧姆加热可以使食品中的微生物发生“电穿孔”效应，造成微生物细胞膜的破裂，内容物溶出，导致微生物的死亡。因此，欧姆加热可以有效降低食品的杀菌温度（单长松 等，2018）。

有研究比较了欧姆加热和传统热加工菠萝的差异，结果表明欧姆加热和传统热加工处理后的鲜切菠萝丁质构无显著差异，而欧姆加热在杀灭嗜温细菌、霉菌和酵母方面的能力更加卓著（Tumpanuvatr et al.，2015）。欧姆加热仪电压 30 V/cm，温度 70 ℃，加热 60 s处理后，聚丙烯包装的鲜切菠萝可以在 4 ℃中保鲜 12 d（Hoang et al.，2014）。紫外辐射和欧姆加热在菠萝汁灭菌中具有协同作用，可提高对微生物的杀伤力，这可能是因为欧姆加热导致的电穿孔现象，可以使紫外线从微生物细胞孔处穿透并且破坏细胞。欧姆加热温度为 50 ℃，紫外辐射剂量为 1 200 mJ/cm^2时，菠萝汁中的微生物数量下降 5 个对数单位（Sean et al.，2016）。

七、其他新技术

目前，也有关于使用臭氧、射频加热、超声波和脉冲光等技术处理鲜切菠萝或其加工制品的研究，具体研究情况如表 7－1 所示。

表 7－1　其他菠萝加工新技术

技术	研究情况
臭氧	臭氧水浓度越高，处理时间越长，灭菌效果越好；臭氧水处理后，鲜切菠萝的感官品质无明显变化，维生素 C 和总酚含量也无明显变化（李琰儒，2019）
射频加热	水浴辅助射频加热可改善加热均匀性，缩短杀菌时间，较好地保留罐头中菠萝的硬度、色泽和维生素 C 含量（侯全，2015）
超声波	超声波处理（376 W/cm^2，10 min）菠萝汁，多酚氧化酶（PPO）的活性降低 20%，黏度降低 75%，色泽增强，货架期延长 42 d，酚类含量无显著变化（Costa et al.，2013）
脉冲光	电压 2.4 kV，辐射剂量 757 或 1 479 J/cm^2处理菠萝汁，需氧菌、酵母和霉菌数量减少 5 个对数单位，菠萝蛋白酶活性得以保留。虽然维生素 C 和酚类的含量减少，但菠萝汁的色泽和抗氧化能力不受影响（Vollmer et al.，2020）

八、小结

菠萝的精深加工能延长菠萝产业的价值链，为消费者享用菠萝提供便捷。腐败和致病微生物常见于新鲜或是未经灭菌的菠萝加工产品中。巴氏杀菌是延长菠萝加工产品货架期的有效手段，但高温往往会引起颜色、风味、口感和营养的变化。现阶段，越来越多的消费者开始追求零添加的健康食品。高静压、脉冲电场和膜分离等新加工技术可在较低温度下实现灭菌，保留甚至进一步改善菠萝加工产品的外观、风味、质构和营养等指标，有效避免了高温和过量使用食品添加剂造成的不良影响。但就目前而言，多数菠萝产品加工新技术仍处于实验室研究阶段，且一般对设备要求较高，操作成本较高，新技术的全面商业化应用还需要结合工艺优化和消费者需求等因素，并从生产成本控制、技术效果评价等方面进行综合考量。

参考文献

Damayanti M，莫治雄，1993. γ 辐射对菠萝采后病害发生率的影响 [J]. 热带作物，4：40-41.

方婷，龚雪梅，胡辉养，等，2009. 高压脉冲电场处理菠萝汁及其贮藏期间微生物变化研究 [J]. 贵州大学学报，26（6）：70-74.

郭浩，黄钧，周荣清，等，2019. 膜分离技术在水果加工中的研究进展 [J]. 生物加工过程，17（1）：83-93.

侯全，2015. 菠萝罐头射频杀菌工艺研究 [D]. 杨凌：西北农林科技大学.

李琰儒，2019. 臭氧水处理对鲜切菠萝品质的影响 [D]. 沈阳：沈阳农业大学.

梁娟，潘见，葛梅，等，2017. 响应面法优化超高压菠萝汁保活和减敏工艺 [J]. 食品与生物技术学报，36（1）：15-21.

刘智钧，王晓敏，胡秀沂，等，2009. 膜分离技术在菠萝汁加工中的应用研究 [J]. 食品工业科技，30（3）：113-116.

单长松，吴澎，封铧，等，2018. 欧姆加热杀菌对豆浆中微生物菌落总数的影响 [J]. 食品工业科技，39（14）：1-6.

许丽丽，杨志伟，2020. 分析辐射技术在食品加工中的应用 [J]. 现代食品，4：119-121.

张俊超，张献忠，沈金金，等，2020. 果蔬汁饮料新型非热灭菌技术研究及应用进展 [J]. 农产品加工，22：93-97.

张艳慧，胡文忠，刘程惠，等，2020. 光电杀菌技术在鲜切果蔬保鲜中应用的研究进展 [J]. 食品科学，41（15）：309-313.

张微，2010. 超高压和热处理对热带果汁品质影响的比较研究 [D]. 广州：华南理工大学.

郑读，李北平，熊光权，等，2021. 辐照对小龙虾常温贮藏品质的影响 [J]. 肉类研究，35（6）：44-49.

Abu Y，Anisur MR，Rakib MU，et al.，2020. Pineapple juice preservation by pulsed electric field treatment [J]. *Open Journal of Biological Sciences*，5（1）：6-12.

Ammelt D，Lammerskitten A，Wiktor A，et al.，2021. The impact of pulsed electric fields on quality parameters of freeze-dried red beets and pineapples [J]. *International Journal of Food Science & Technology*，56（4）：1777-1787.

Arshad RN, Abdul-Malek Z, Munir A, et al., 2020. Electrical systems for pulsed electric field applications in the food industry: An engineering perspective [J]. *Trends in Food Science & Technology*, 104: 1-13.

Carneiro L, Dos Santos Sa I, Dos Santos Gomes F, et al., 2002. Cold sterilization and clarification of pineapple juice by tangential microfiltration [J]. *Desalination*, 148 (1): 93-98.

Costa MGM, Fonteles TV, De Jesus ALT, et al., 2013. High-Intensity ultrasound processing of pineapple juice [J]. *Food and Bioprocess Technology*, 6 (4): 997-1006.

Elamin WM, Endan JB, Yosuf YA, et al., 2015. High pressure processing technology and equipment evolution: A Review [J]. *Journal of Engineering Science and Technology Review*, 8 (5): 75-83.

Hajare SN, Dhokane VS, Shashidhar R, et al., 2006. Radiation processing of minimally processed pineapple (*Ananas comosus* Merr.): Effect on nutritional and sensory quality [J]. *Journal of Food Science*, 71 (6): 501-505.

Hoang P, Jittanit W, Sajjaanantakul T, 2014. Effect of indirect ohmic heating on quality of ready-to-eat pineapple packed in plastic pouch [J]. *Songklanakarin Journal of Science and Technology*, 36 (3): 317-324.

Kempkes M, Munderville M, 2017. Pulsed electric fields (PEF) processing of fruit and vegetables [C]. *IEEE International Conference on Pulsed Power*.

Laorko A, Li Z, Tongchitpakdee S, et al., 2010. Effect of membrane property and operating conditions on phytochemical properties and permeate flux during clarification of pineapple juice [J]. *Journal of Food Engineering*, 100 (3): 514-521.

Laorko A, Tongchitpakdee S, Youravong W, 2013. Storage quality of pineapple juice non-thermally pasteurized and clarified by microfiltration [J]. *Journal of Food Engineering*, 116 (2): 554-561.

Rinaldi M, Littardi P, Ganino T, et al., 2020. Comparison of physical, microstructural, antioxidant and enzymatic properties of pineapple cubes treated with conventional heating, ohmic heating and high-pressure processing [J]. *LWT-Food Science and Technology*, 134: 110207.

Sean YD, Prince MV, Sudheer KP, et al., 2016. Storage studies of ultraviolet radiation assisted ohmic heating of pineapple juice [J]. *Agricultural Engineering Today*, 40 (4): 29-35.

Tumpanuvatr T, Jittanit W, Kaewchutong S, et al., 2015. Comparison between ohmic and conventional heating of pineapple and longan in sucrose solution [J]. *Agricultural and Natural Resources*, 49 (4): 615-625.

Vollmer K, Chakraborty S, Bhalerao PP, et al., 2020. Effect of pulsed light treatment on natural microbiota, enzyme activity, and phytochemical composition of pineapple [*Ananas comosus* (L.) Merr.] juice [J]. *Food and Bioprocess Technology*, 13 (7): 1095-1109.

Youravong W, Li Z, Laorko A, 2010. Influence of gas sparging on clarification of pineapple wine by microfiltration [J]. *Journal of Food Engineering*, 96 (3): 427-432.

第八章 机械与设备

一、简介

近几年，我国菠萝种植面积维持在 6.67 万 hm^2 左右，总面积稳中有升，菠萝生产全程机械化包括园地耕整、株苗栽植、田间管理、灌溉、花果管理、病虫害防治、采收、贮藏与运输、产品加工及植株粉碎等环节，但菠萝生产的机械化水平较低，尤其是种、管、收环节仍然主要依靠人工，劳动强度大，生产效率低，严重制约菠萝产业发展。菠萝加工多以罐头和果汁为主，产品单一，机械化程度低，成本高且效率低，整体市场竞争力不强。目前清洗、分拣和去皮等关键环节基本上实现了自动化和机械化，全程机械化除了节省人工成本外，在一定程度上还降低了农产品安全风险。

发展机械化、努力降低种植成本是增加国内菠萝行业竞争力的必然选择。国内菠萝机械化研发起步较晚，进展相对滞后。近年来，中国热带农业科学院农业机械研究所、中国热带农业科学院农产品加工研究所、中国热带农业科学院南亚热带作物研究所等科研院所和华南农业大学等高校相继开展了菠萝生产机械的研究，也有相关的企业投入菠萝机械研制，机型种类涵盖种植、田间管理、采收、分级和去皮等各种菠萝生产机械，为我国菠萝生产机械化打下了良好的基础，积累了丰富的经验。

二、种植与田间管理制度

（一）富来威菠萝移栽机

2013 年年初，南通富来威农业装备有限公司经过反复多次实地试验，研制出了大苗、小苗均可满足使用的菠萝移栽机（图 8－1）。针对性设计的顶棚式苗箱，解决了大苗存储难的问题，同时可以遮挡阳光，提高操作人员作业的舒适性。该机可实现宽窄行种植（两侧 40～41 cm、中间51～58 cm）或等行距种植（40 cm），栽植深度 10～12 cm，菠萝苗直立度好，成活率高（朱燕，2017）。

图 8－1　富来威菠萝移栽机

（二）双行菠萝种植机

中国热带农业科学院南亚热带作物研究所、中国热带农业科学院农业机械研究所、徐闻县诺香园农产品专业合作社共同发明了一种双行菠萝种植机（图 8－2）。该机由支承座、种植箱（图 8－2b、图 8－2c）、移动送料机构（图 8－2e）和下料种植机构等部分组成，下料种植机构含有破土锥筒（图 8－2d）和阻隔横板（图 8－2f）。该机可同时进行双行多株菠萝苗种植，不易损伤菠萝苗叶片，种植效率高，成活率高（薛忠等，2020）。

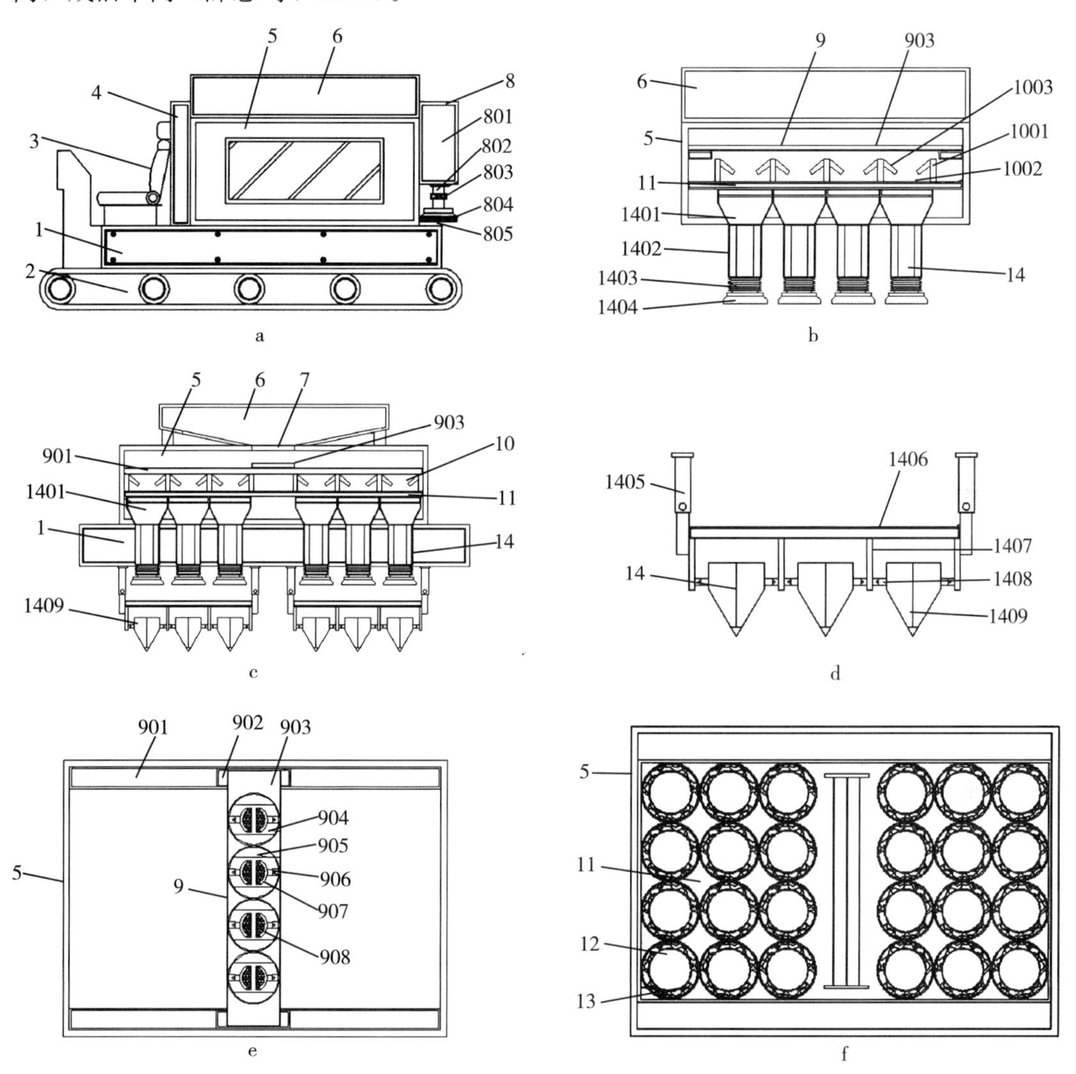

图 8－2　双行菠萝种植机

a. 正视外部结构示意　b. 种植箱内部结构示意　c. 种植箱后视内部结构示意　d. 破土锥筒放大结构示意　e. 移动送料机构俯视结构示意　f. 阻隔横板俯视结构示意

1. 支承座　2. 履带轮　3. 驾驶座　4. 隔板　5. 种植箱　6. 秧苗储箱　7. 下料滑槽　8. 灌溉机构　801. 水箱　802. 出水管　803. 水阀　804. 灌溉喷头　805. 过滤网　9. 移动送料机构　901. 电机安装座　902. 直线电机　903. 送料板　904. 中空槽　905. 斜板　906. 液压伸缩杆　907. 定位橡胶板　908. 金属网兜　10. 下料机构　1001. 环形框　1002. 下料槽　1003. 柔性拨片　11. 阻隔横板　12. 通槽　13. 防护软垫　14. 下料种植机构　1401. 秧苗下料斗　1402. 出料管　1403. 波纹管　1404. 出料口　1405. 电动推杆　1406. 中空固定架　1407. 连接板　1408. 微型伸缩杆　1409. 破土锥筒

（三）菠萝施肥机

徐闻县植悦农业合作社邓尾设计的菠萝施肥机（图 8－3）由机架、装料箱、过渡轴装置（图 8－3d）、出料装置（图 8－3e、图 8－3f）、发动机、爬动轮和拨叶装置等部件组成（邓尾，2018）。该机轮间距可调（100～350 cm），可平稳地行驶在畦外沟里进行施肥；前方安装的拨叶装置，可在行驶作业过程中拨开菠萝叶，不造成叶片损伤从而影响菠萝生长。该机具有操作简单、工作效率高的优点。

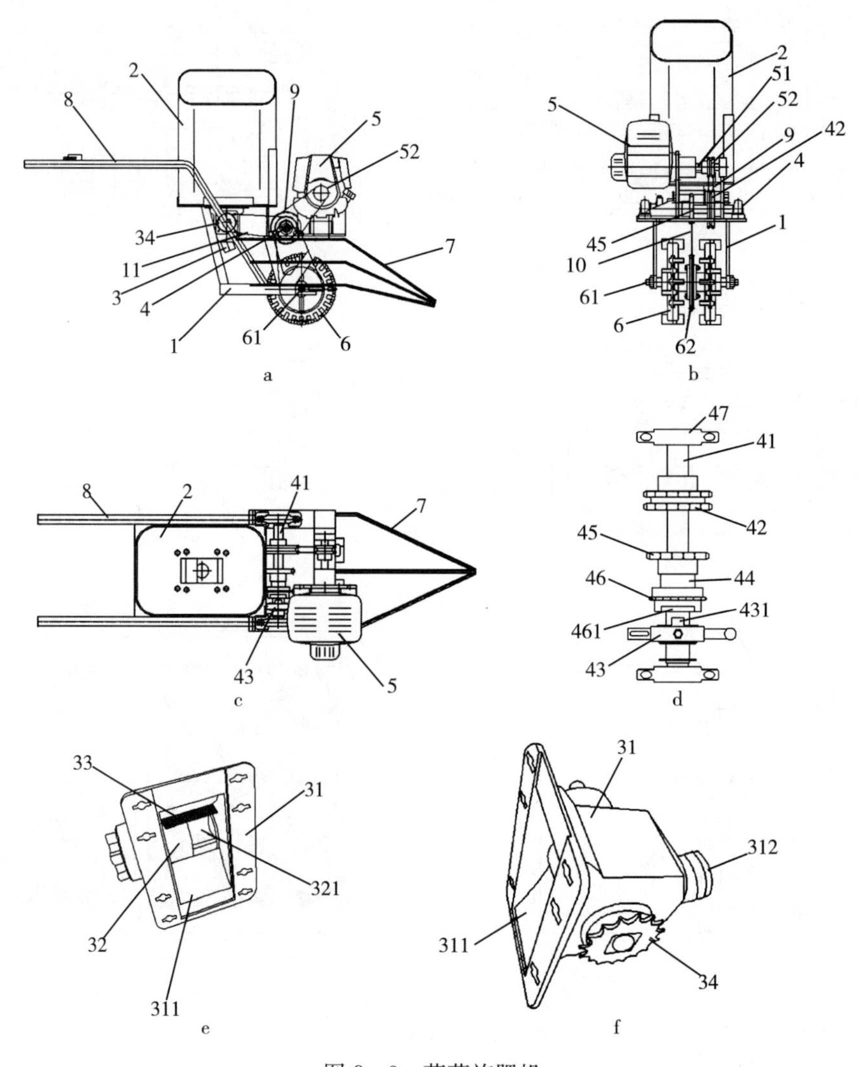

图 8－3　菠萝施肥机

a. 侧视结构示意　b. 前视结构示意　c. 俯视结构示意　d. 过渡轴结构示意　e. 出料装置正视结构示意　f. 出料装置侧视结构示意

1. 机架　2. 装料箱　3. 出料装置　31. 壳体　311. 入料口　312. 出料口　32. 下料轮　321. 分料槽　33. 刷子　34. 传动轮　4. 过渡轴装置　41. 过渡轴心　42. 传动轮　43. 离合器　431. 卡合凸起　44. 轴套　45. 传动轮　46. 传动轮　461. 卡合凹口　47. 轴承座　5. 电动机　51. 输出轴　52. 传动轮　6. 爬动轮　61. 传动轴　62. 传动轮　7. 拨叶装置　8. 扶手　9. 传动链　10. 传动链　11. 传动链

(四)菠萝移栽施肥机

中国热带农业科学院农业机械研究所研制了一款菠萝移栽施肥机，由机架、施肥装置、移栽装置（图 8-4g、图 8-4i）、开合机构、传动机构（图 8-4f）、开沟器、压土轮和地轮等机构组成。作业过程中通过地轮转动带动传动机构的地轮传动轴，再由地轮传动轴带动第一传动链（图 8-4e）、第二传动链，最后带动送种辊运行，使菠萝苗移栽与地轮转动同步，确保株距一致且均匀，解决了由于拖拉机行进速度变化引起株距不一致的问题。开合机构沿移栽装置中的环形导轨（图 8-4h）运行，当开合机构运行到高位轨道时，移栽装置中的导种筒（图 8-4j）下端出口打开，最后菠萝苗掉落至种植沟内，完成移栽工序。施肥装置通过螺杆搅拌输出肥料，保证施肥均匀。通过压土轮的槽状轮鼓，使田垄更坚实。该机能够双行同时进行开沟、菠萝种苗移栽及施肥等作业，移栽株行距一致、施肥均匀、工作效率高，且操作简单、安全可靠（崔振德等，2020）。

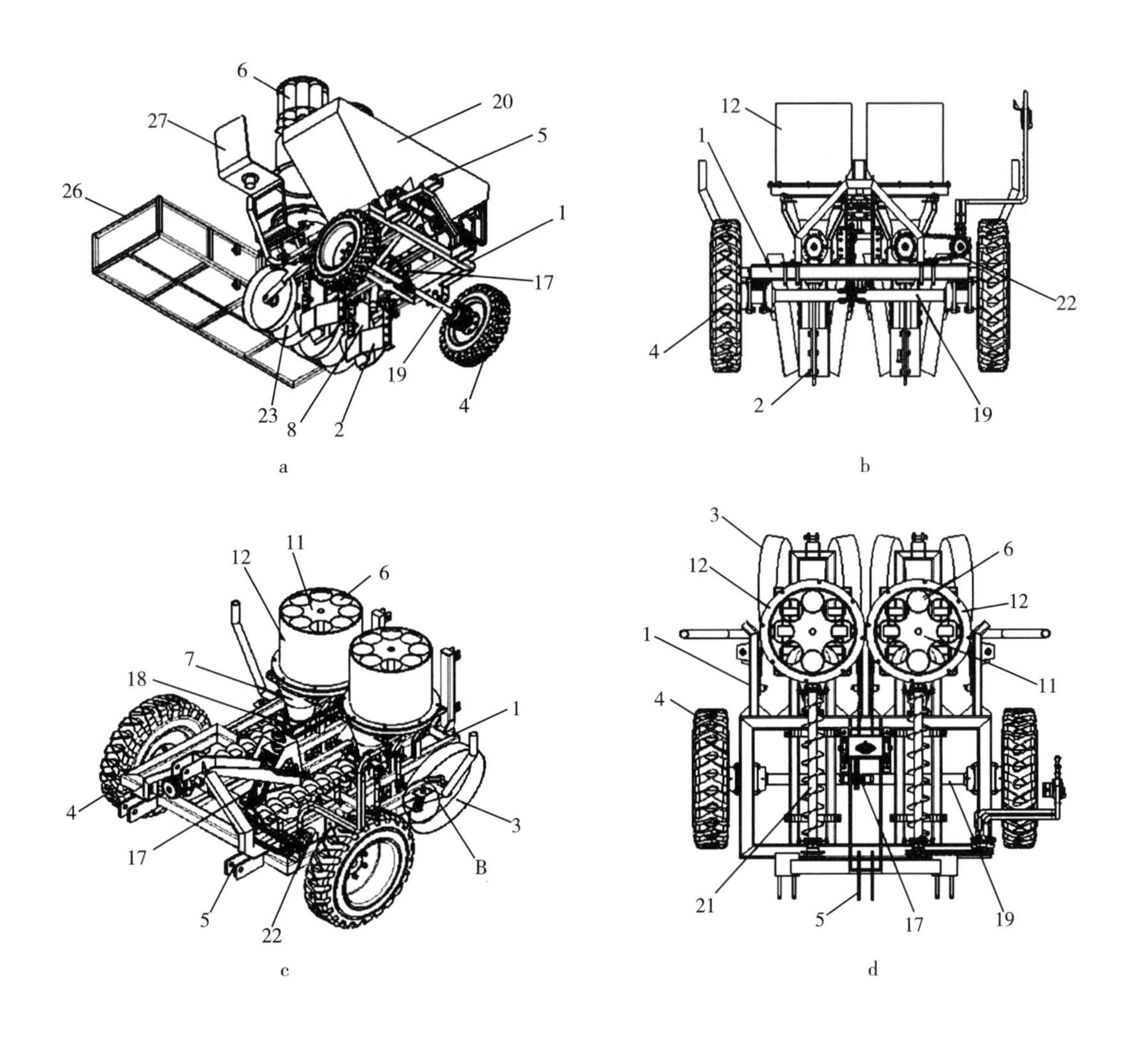

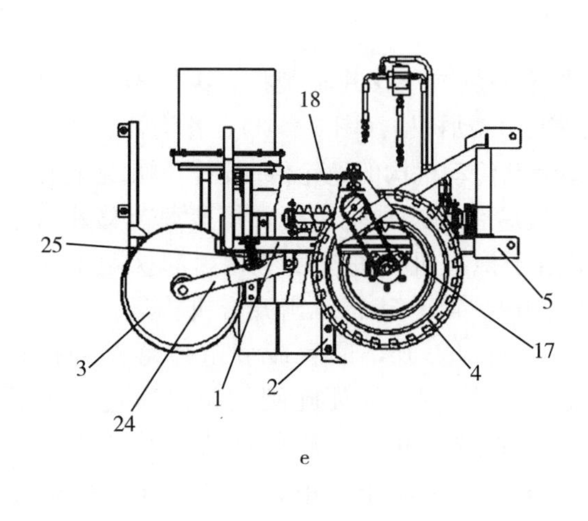
18
25
5
17
3
4
24
1
2

e

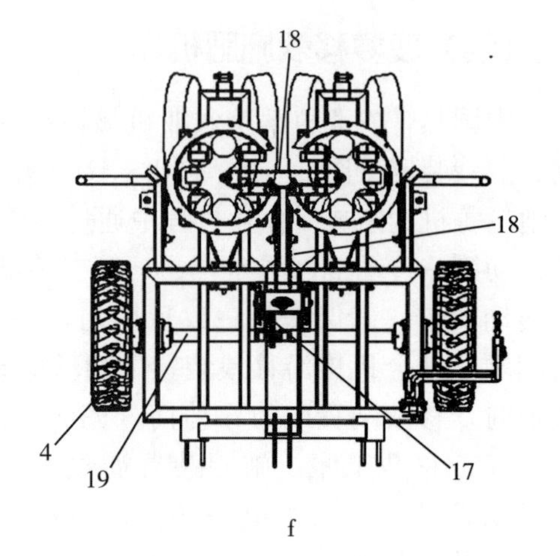
18
18
4
19
17

f

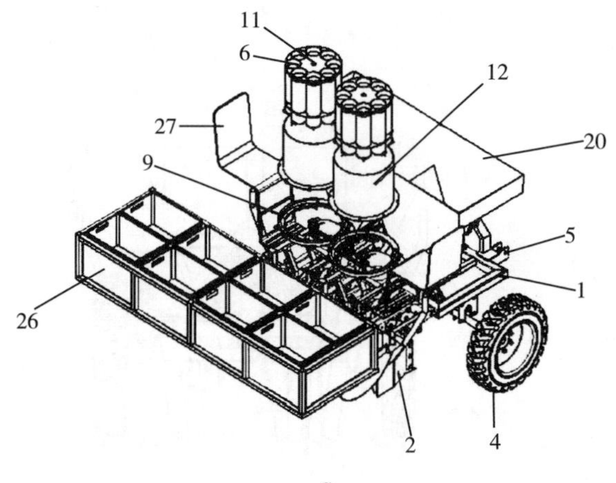
11
6
12
27
20
9
5
1
26
2
4

g

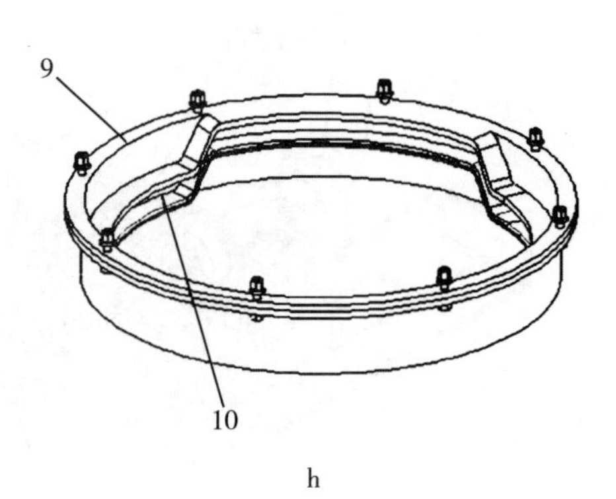
9
10

h

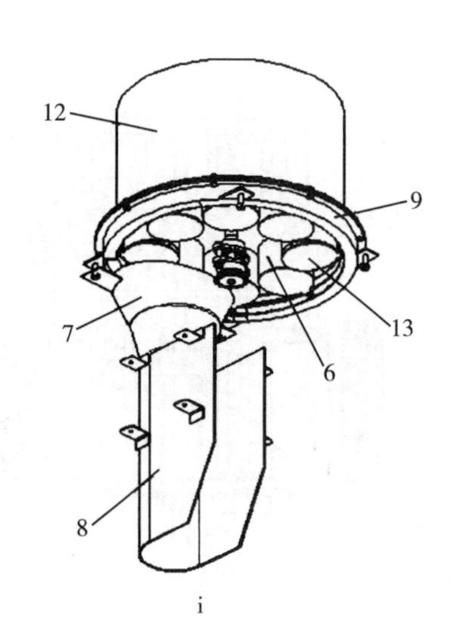
12
9
13
7
6
8

i

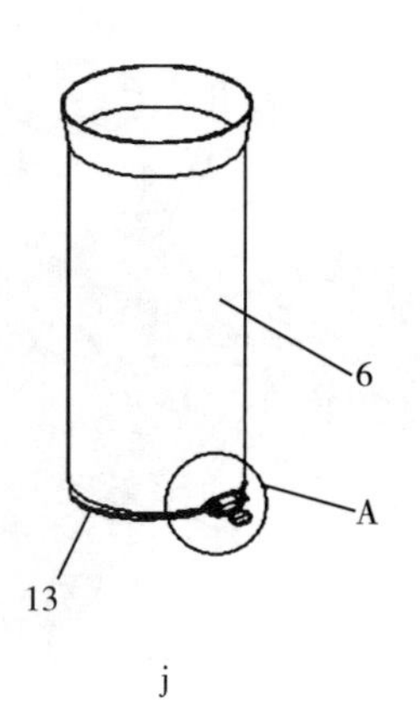
6
A
13

j

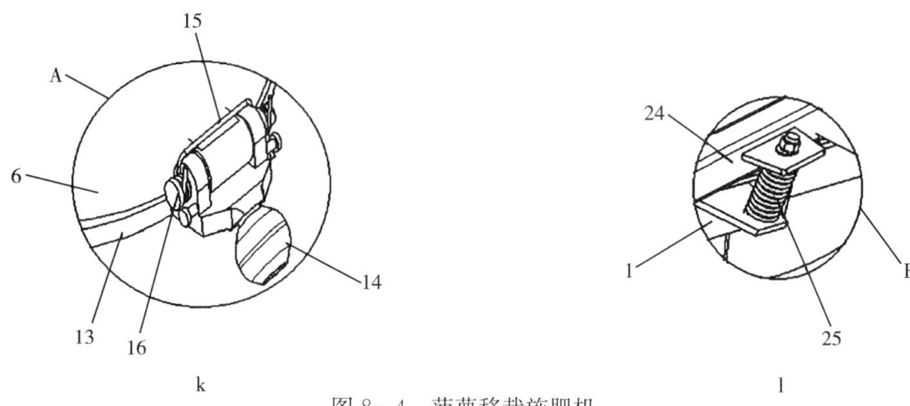

图 8-4 菠萝移栽施肥机

a. 结构示意 b. 前视图 c. 立体结构示意 d. 俯视图 e. 传动机构的第一链条放大图 f. 传动机构安装位置示意 g. 移栽装置的爆炸图 h. 环形导轨的结构示意 i. 移栽装置的整体结构示意 j. 导种筒结构示意 k. 局部A放大示意 l. 局部B放大示意

1. 机架 2. 开沟器 3. 压土轮 4. 地轮 5. 三点悬挂架 6. 导种筒 7. 导种斗 8. 导种槽 9. 环形导轨 10. 高低位循环式轨道 11. 送种辊 12. 护壳 13. 盖板 14. 滚球 15. 扭簧 16. 销轴 17. 第一传动链 18. 第二传动链 19. 地轮传动轴 20. 装肥斗 21. 绞龙 22. 液压马达 23. 槽状轮鼓 24. 支撑臂 25. 支撑弹簧 26. 装种箱 27. 座椅

(五)菠萝苗移栽一体机

中国热带农业科学院南亚热带作物研究所与企业合作研制出一款双行菠萝苗施肥起垄移栽一体机(图 8-5)。该机可同时进行施肥、旋耕、起垄、移栽等作业,与传统分步作业模式以及机械起垄、人工移栽相比,效率高,节省劳动力成本(黄炳钰,2020)。田间试验证实,采用鸭嘴式投苗原理可基本满足大苗(30 cm)种植要求,但由于目前国内种植模式为密植,株距较小,覆膜效果不理想,仍需改进完善(薛忠,2021)。该机已在广东省湛江市徐闻县曲界镇召开了现场观摩会,参会人员对该机十分感兴趣。

图 8-5 2ZBL-902 型菠萝苗移栽一体机

（六）高效型菠萝苗种植机

徐闻县植悦农业合作社邓尾设计的高效型菠萝苗种植机（图 8－6），由机架、开沟器、拢土器、机械手、导种传动带、导种杯、凸轮机构、曲柄滑块机构、动力机构和传动机构等部分组成。该机能同时完成开沟、施肥、排种、覆土、压实等作业，行株距统一，工作效率高，效果好（邓尾，2013）。

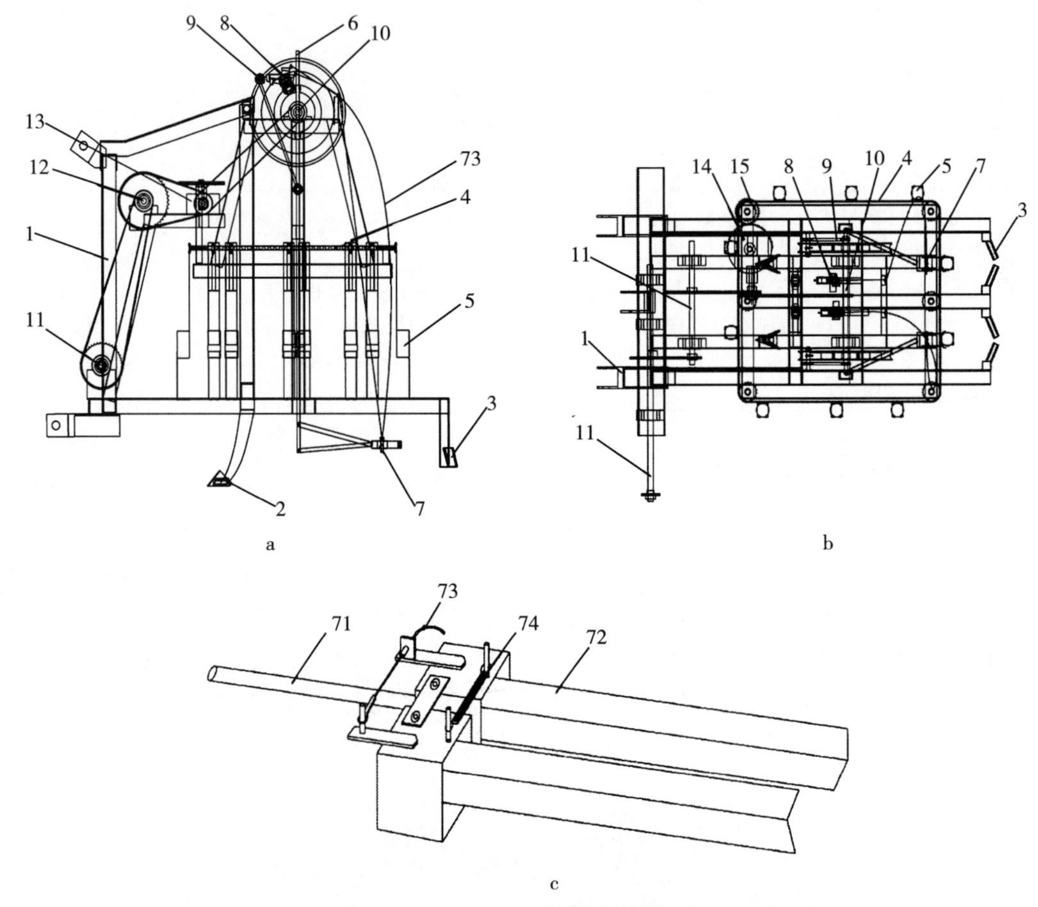

图 8－6　高效型菠萝苗种植机

a. 主视图　b. 俯视图　c. 机械手结构示意

1. 机架　2. 开沟器　3. 拢土器　4. 导种传送带　5. 导种杯　6. 导杆　7. 机械手　71. 支架　72. 夹板　73. 拉线　74. 弹簧　8. 凸轮机构　9. 曲柄滑块机构　10. 转轴　11. 动力输入轴　12. 传动轴　13. 直角锥齿轮箱　14. 间歇齿轮　15. 链轮

（七）国外菠萝种植机械

目前国外菠萝种植机械主要有单行、双行、四行等作业行数的种植机，均需要人工辅助放苗到苗杯里，通过鸭嘴式、夹指式等部件将菠萝苗种植到土壤里，以牵引式居多（薛忠等，2021）。

巴西的 Motoagro 公司研发了 PMA1800 双行菠萝种植机和 PMA4 四行种植机（图 8-7）。PMA1800 双行菠萝种植机可同步完成施肥、移栽工序，需人工辅助种植，该机型已在马来西亚推广使用。PMA4 四行种植机采用半机械化移栽方法，通过水力流量调节器确定种苗之间距离，可同时种植和施肥。

a

b

图 8-7　PMA1800 双行种植机（a）和 PMA4 四行种植机（b）

意大利 Checchi & Magli 沃尔夫公司生产的坐骑式移植机（图 8-8），由拖拉机牵引，将菠萝苗通过鸭嘴部件种植到土壤中，可加装地膜覆盖机构，作业效率为每小时 1 500 株，适合高度 20 cm的菠萝苗种植，种植深度、镇压轮压力均可调节。

马来西亚和澳大利亚的菠萝种植机（图 8-9）仅能完成开沟、镇压工序，但移苗种植需由人工完成。

图 8-8　意大利单行菠萝种植机

a

b

图 8-9　马来西亚（a）和澳大利亚菠萝种植机（b）

三、采后机械

（一）菠萝田间采摘运输机

广东省现代农业装备研究所于2019年9月研发出菠萝采摘运输机（图8-10），2020年在徐闻进行了田间试验。该机底盘的行走机构为窄形履带，前后两端设有分叶器，履带间距可调，可供不同种植垄宽和行距的菠萝园使用，运载平台高低可调，具有良好的适应性。该机解决人工搬运问题，提高工作效率，降低人工成本，基本可以满足现行菠萝种植农艺的要求，但仍需人工辅助采摘，平台载重小，需频繁进出菠萝种植园卸果（广东省现代农业装备研究所，2020）。

图8-10　菠萝田间采摘运输机

（二）小型高效菠萝采摘机

根据菠萝农艺种植特点，采用两行菠萝果实同步进行采摘的方式，可以提高效率；仿照人工采摘时折断菠萝果柄的动作，设计了利用旋转剪切力折断菠萝果柄的采摘机构（图8-11）。北华大学机械工程学院提出一种小型高效的菠萝采摘机（图8-12），通过多对旋转的V形采摘机构扭断菠萝果柄的方式进行菠萝采摘和收集（刘通 等，2019）。该设备小巧，机械化采摘替代人工作业，提高工作效率，同时避免大型设备对菠萝植株和农田的破坏。

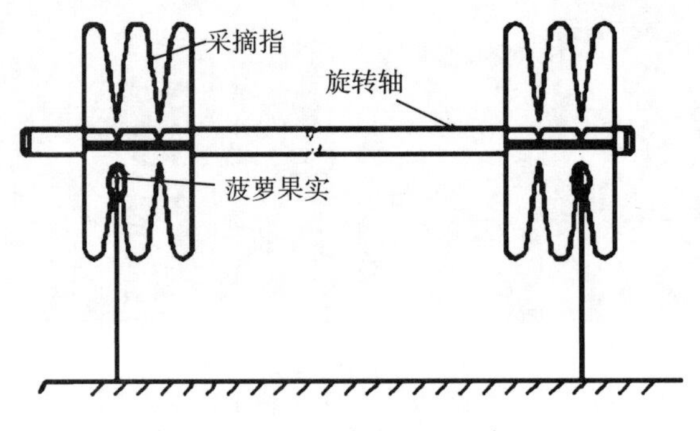

图8-11　采摘原理示意

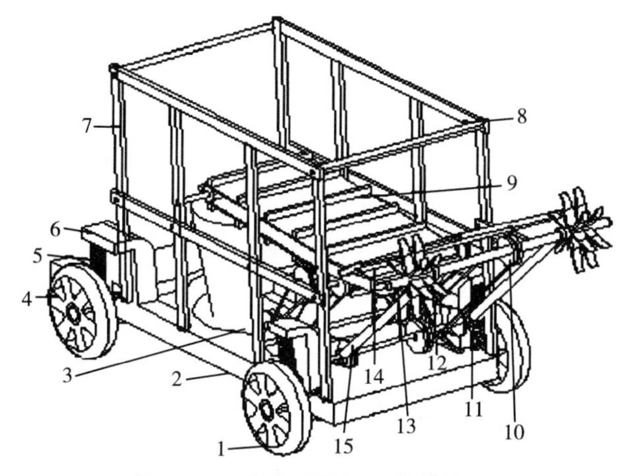

图 8-12 菠萝采摘机整体结构

1. 轮胎 2. 车底板 3. 收集筐 4. 车轮 5. 弹簧 6. 弹簧固定座 7. 车体框架 8. 紧固螺钉 9. 传送带 10. 传动带轮 11. 传动皮带 12. 采摘指 13. 采摘指轴 14. 斜坡板 15. 支撑轴

(三) 半自动拧取式菠萝采摘收集机

我国传统菠萝采摘机械化水平低，仍依靠人工作业，采摘劳动力成本高、强度大、效率低。为解决上述问题，天津科技大学机械工程学院设计了一种半自动拧取式菠萝采摘收集机（图 8-13），由包括升降机构、爪臂平移机构、采摘机械爪的采摘系统和收集系统组成。对总体结构和关键部件进行了三维实体建模，对升降机构、凸轮主轴和收集槽进行了运动学分析和静力学分析，提高了设备的性能稳定性（傅旻等，2020）。该机体积小、操作简单，适用于小地块、丘陵山区的种植使用。

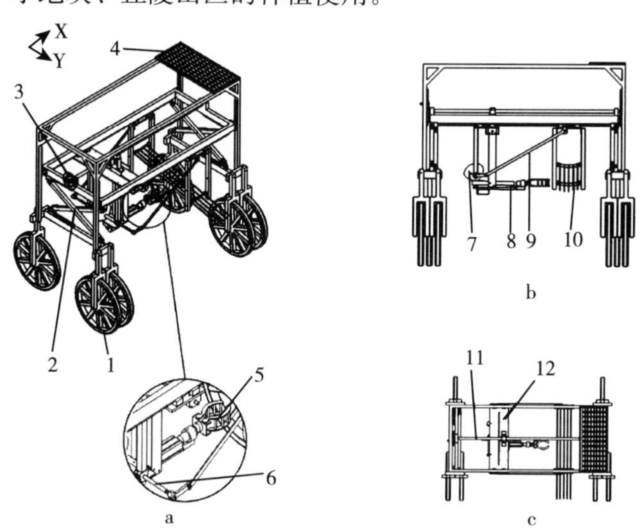

图 8-13 半自动拧取式菠萝采摘收集机

a. 轴测图 b. 主视图 c. 俯视图

1. 行走轮 2. 剪式升降机构 3. 手轮 4. 太阳能电池板 5. 采摘机械爪 6. 凸轮主轴 7. 凸轮 8. 机械爪臂 9. 连杆 10. 收集槽 11. 主丝杠 12. 爪臂平移机构

（四）菠萝半自动采摘机

聊城大学机械与汽车工程学院设计的菠萝半自动采摘机（图 8－14）由车身、收纳箱、控制台、输送导轨、采摘机械手等机构组成，对该机建立了三维模型，并分析了机械手的运动特性。为了便于田间行驶作业，避免破坏菠萝植株，将该机身设计得较窄。根据菠萝植株和果实的结构特点，确保采摘过程不损伤果实和叶片，设计采摘机械手从菠萝上方采用锯齿轮切断菠萝果实果柄进行定位采摘，结合输送导轨，提高了作业效率（刘玉杰等，2018）。

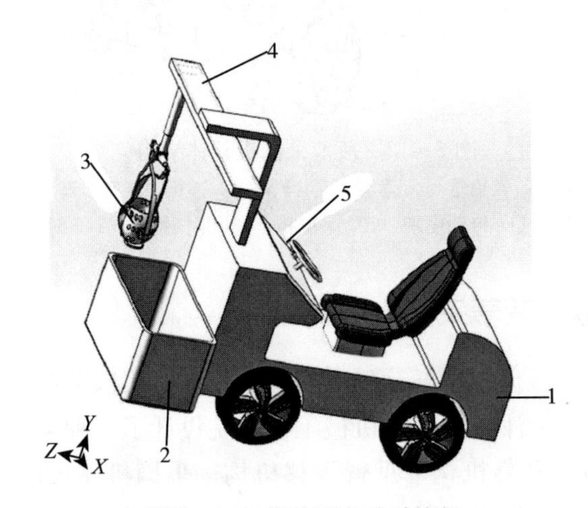

图 8－14　菠萝半自动采摘机

1. 车身　2. 收纳箱　3. 采摘机械手　4. 输送导轨　5. 控制台

（五）菠萝采摘机

成都大学设计了一款菠萝采摘机（图 8－15、图 8－16），由行走、传动、采摘传收、控制和驾驶等装置组成。采用高地隙机架作为菠萝采摘机的支撑平台，从而达到田间作业时减少菠萝植株损伤的目的（邓祥丰，2020）。利用机械设计软件对菠萝采摘机的发动机、减速器、变速箱、分动箱等关键行走系统部件进行多方面分析，确定其参数，但没有制造出实物。

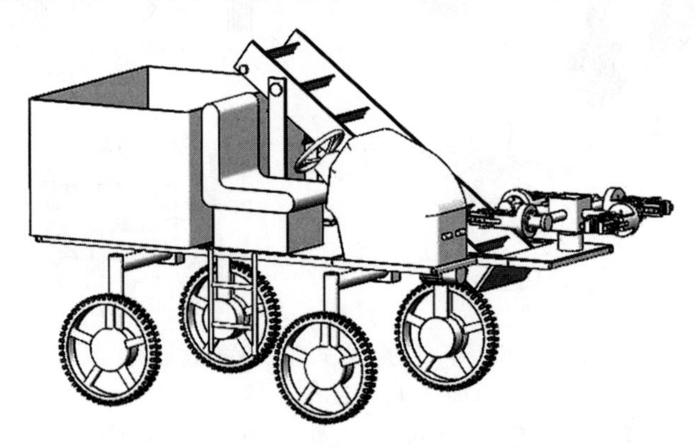

图 8－15　菠萝采摘机总体结构

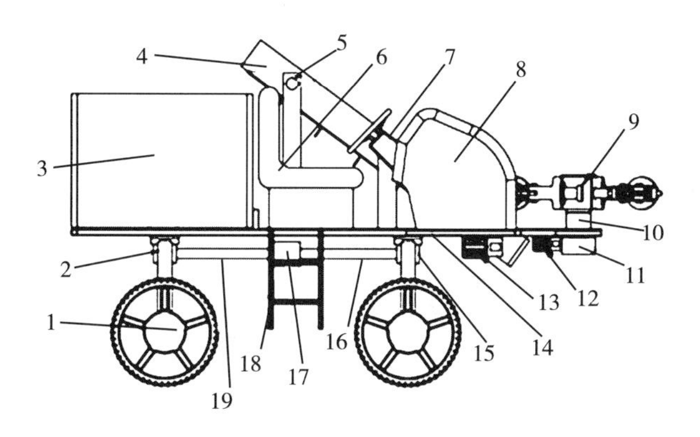

图 8-16　菠萝采摘机二维示意侧视

1. 车轮　2. 后差速器　3. 收集筐　4. 传送装置　5. 传送带支架　6. 桌椅　7. 驾驶控制系统　8. 动力系统　9. 采摘装置　10. 采摘爪支架　11. 旋转装置　12. 旋转装置电机　13. 传送装置电机　14. 采摘机机架　15. 前差速器　16. 前传动轴　17. 分动器　18. 梯子　19. 后传动轴

（六）高地隙履带自走式菠萝采收车

2020 年 3 月，高地隙履带自走式菠萝采收车（图 8-17）田间试验在广东农垦收获农场展开（周伟，2020）。该机由中国热带农业科学院农产品加工研究所食品加工团队与农业机械研究所木薯机械化团队联合研发，依靠履带行走，底盘离地间隙为 80 cm，收获工作幅宽 10 m，辅助 10 名人工（含驾驶员），可采摘 8～10 t/h，不损伤菠萝植株，具有良好的通过性和稳定性，工作效率高，是传统人工作业效率的 3 倍，在田间试验表现出良好的试验效果，可使机械化收获代替人工采摘搬运，降低劳动强度（郑爽等，2020）。

图 8-17　高地隙履带自走式菠萝采收车

（七）菠萝自动采摘收集机

聊城大学机械与汽车工程学院设计的菠萝自动采摘收集机，包括电子控制系统、收集机构、机械臂、搬运机械手、传感器检测模块、带式运输机构、车身移动机构和采摘切割机构等部件（图 8-18）。利用机械设计分析软件建立采摘切割机构的三维模型，并进行多方位的仿真分析。该机可实现菠萝的采摘、搬运、收集连续化作业，能提高采摘工作效率，降低劳动强度（姜涛等，2019）。

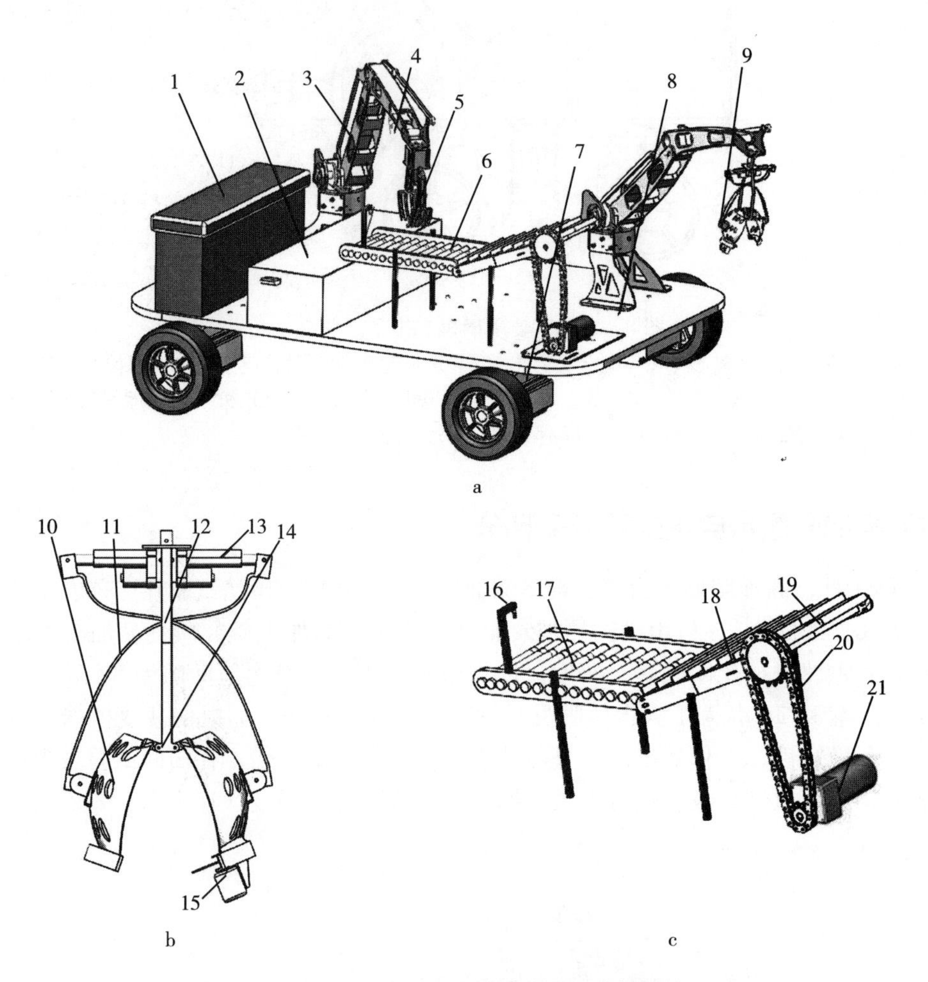

图 8－18　菠萝自动采摘收集机总体结构

a. 菠萝自动采摘收集机整体结构　b. 采摘切割机构三维模型　c. 带式运输机构三维模型

1. 电子控制系统　2. 收集机构　3. 三自由度机械臂　4. 传感器检测模块　5. 搬运机械手　6. 带式运输机构　7. 车身移动机构　8. 底板　9. 采摘切割机构　10. 夹具　11. 拉杆　12. 固定支架　13. 电动推杆　14. 传感器 1　15. 锯齿切割机构　16. 传感器 2　17. 滚子滚筒　18. 矫正夹板　19. 运输传送带　20. 链条　21. 直流减速电机

（八）自动菠萝采收机

广东海洋大学机械与动力工程学院结合我国菠萝产业的发展现状，设计了一种适用于规模化种植的自动菠萝采收机（图 8－19、图 8－20），采摘、运输可同步进行。该机包括履带驱动总成、采收装置、平移装置、输送收集装置、支撑底盘、识别及定位系统等机构，通过图像识别系统，进行图像采集、识别和定位，实现了菠萝的自动化采摘，提高采摘效率（卫泓宇等，2018）。

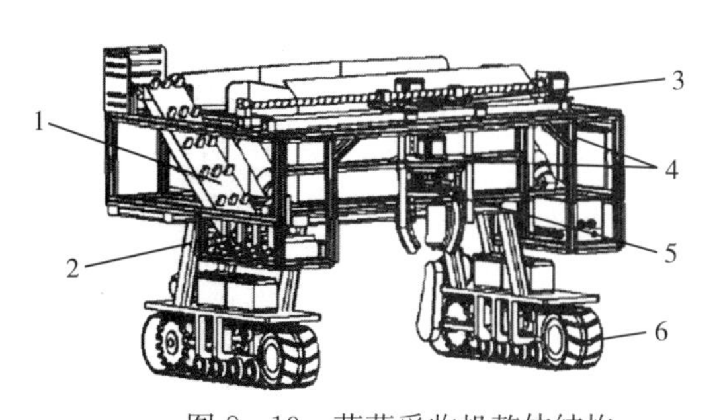

图 8-19　菠萝采收机整体结构

1. 输送收集装置　2. 支撑底盘　3. 平移装置　4. 摄像头
5. 采收装置　6. 覆带驱动总成

图 8-20　菠萝采收机整体结构

（九）菠萝采收作业机

嘉义大学生物机电工程学系研发的菠萝采收作业机（图 8-21），由车架、采收部和收获部组成。创新设计紧急停止装置、手刹车运动装置（图 8-22）、采收平台按钮式油压升降机构、双层集运平台等关键部件，以应对突发状况，使作业更顺畅，增加载果量（洪滉祐，2019）。

图 8-21　菠萝采收作业机

图 8-22　手刹车运动装置进行刹车作业过程

（十）菠萝分级设备

湛江市欢乐家食品有限公司蒋道林等人发明的一种水果分级设备（图 8－23），由机架、至少包含一条水果分级辊道的分级装置和旋转驱动装置组成。该设备阶梯轴段直径大小不一，可使水果在通过阶梯辊轴时进行分级。该设备结构简单紧凑、制造成本低，能解决其他分级设备对水果形状和大小要求较高、分级效果不好的问题（蒋道林 等，2018）。

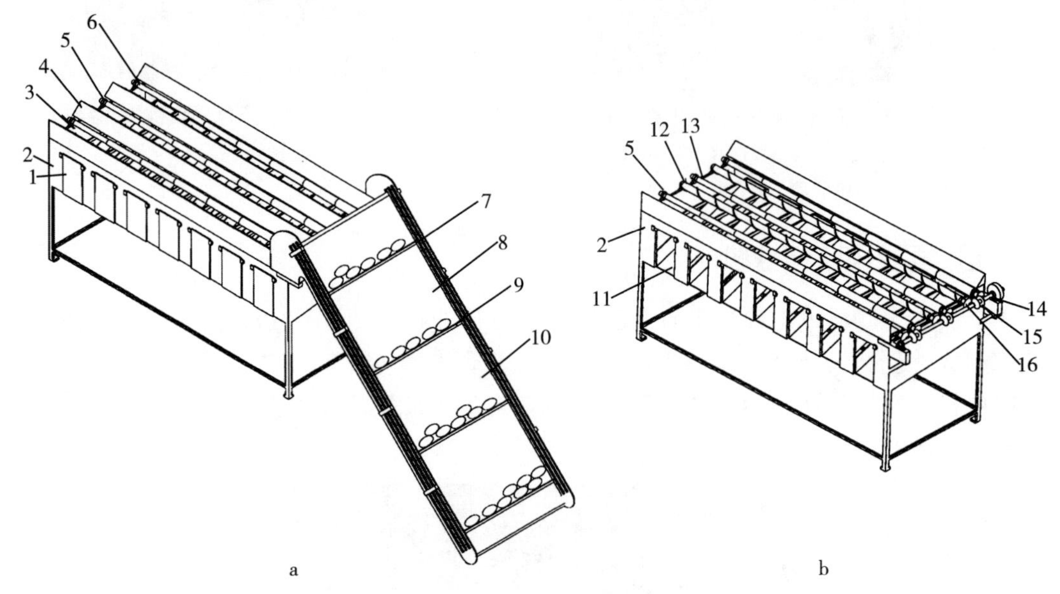

图 8－23　水果分级设备

a. 整体结构示意　b. 局部结构示意

1. 旋转门　2. 机架　3. 水果分级辊道　4. 水果分流器　5. 轴承座　6. 水果分级装置　7. 护板　8. 输送台面板　9. 推板　10. 水果上料装置　11. 出料仓　12. 螺旋辊轴　13. 阶梯辊轴　14. 驱动轴　15. 主动锥齿轮　16. 从动锥齿轮

（十一）菠萝自动筛选机

广东伊齐爽食品实业有限公司发明了一款菠萝自动筛选机（图 8－24），主要由机架、螺旋推进杆、收集料箱和电机等装置组成，螺旋推进杆转动依靠电机驱动，相邻两个螺旋推进杆组成一个菠萝分选槽。该机结构简单，可将菠萝按不同规格进行多级筛选，效率高，能满足生产需求，增加经济效益（王京，2013）。

（十二）菠萝视觉分选检测系统

广州市永合祥自动化设备科技有限公司李辉等人发明了一款视觉分选检测系统（图 8－25），主要由输送线、视觉检测模块、分选模块、排列模块组成（李辉 等，2020）。采用排列模块将菠萝有序排列至输送线上；采用视觉检测模块对输送线上的菠萝进行图像采集与分析判断，并发出分选指令；采用分选模块根据分选指令对菠萝进行分类。该系统可替代人工分选检测，提高了工作效率，还节约了劳动力成本。

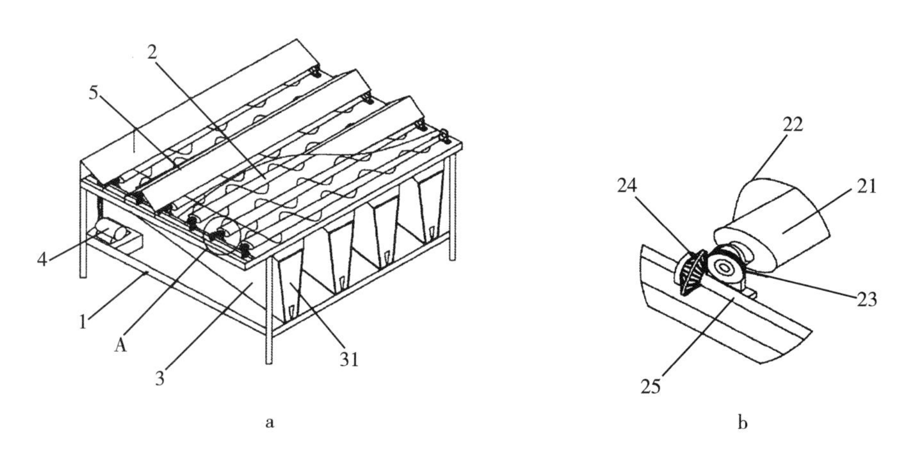

图 8-24 菠萝自动筛选机

a. 结构示意 b. A 的放大示意

1. 机架 2. 螺旋推进杆 21. 转轴 22. 螺旋叶片 23. 从动齿轮 24. 主动齿轮 25. 驱动轴 3. 收集料箱 31. 取料门 4. 电机 5. 进料斗

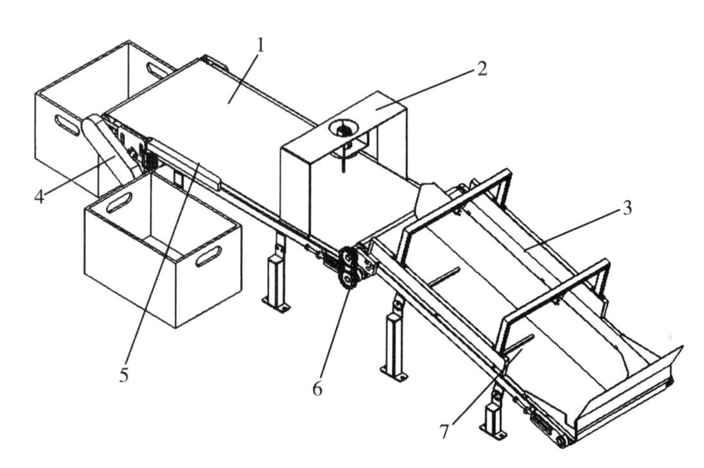

图 8-25 视觉分选检测系统的结构示意

1. 输送线 2. 视觉检测模块 3. 分料整合输送线 4. 液压马达 5. 剔除电机 6. 输送线连接链条 7. 排列输送带

（十三）菠萝自动分级分拣装置

华南农业大学和仲恺农业工程学院根据双目视觉和多光谱检测技术联合发明了菠萝自动分级分拣方法及装置（图 8-26），主要由双侧弯板链传送带、U 形槽、分流槽、推杆、双目相机和多光谱检测仪等关键部件组成。采用双目相机采集菠萝图像信息，依据大小和颜色，对菠萝的外部品质进行分级筛选；采用多光谱检测仪判断菠萝的内部质量，对菠萝的内部品质进行分级筛选（邹湘军等，2019）。该装置可解决人工筛选效率低、内部品质无法保证的问题，精准、高效地进行自动分级筛选，降低成本，提高工作效率。

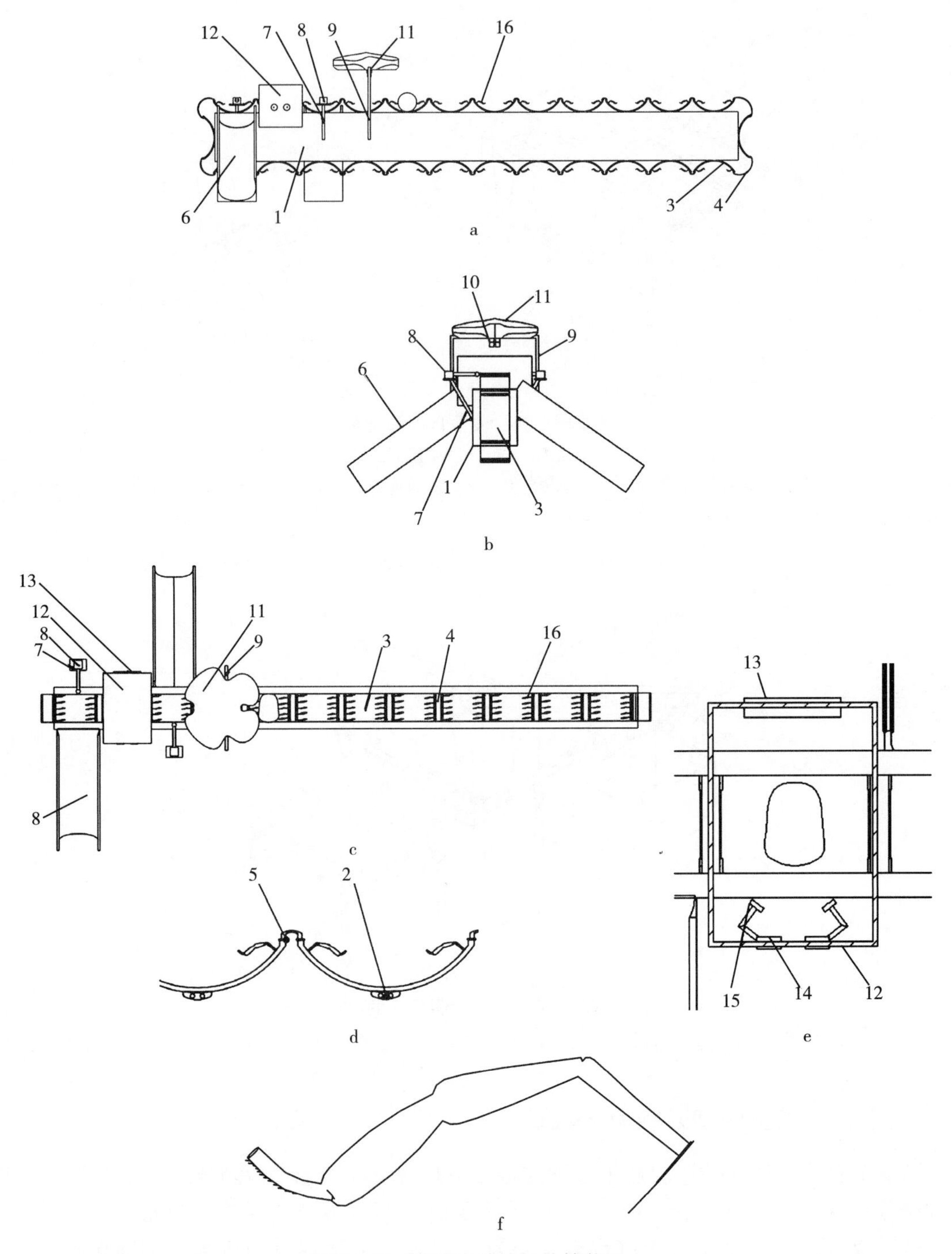

图 8-26　菠萝自动分级分拣装置

a. 菠萝自动分级分拣装置的主视图　b. 菠萝自动分级分拣装置的左视图　c. 菠萝自动分级分拣装置的俯视图　d. U形槽与双侧弯板链传送带连接部分的放大视图　e. 多光谱检测部分的放大视图　f. 仿生蚁腿翻转机构的示意

1. 传送带壳体　2. 双侧弯板链传送带　3. U形槽　4. 弧形弹性连接板　5. 合页　6. 分流槽　7. 推杆固定支架　8. 推杆　9. 相机支架　10. 双目相机　11. 贝壳仿生防护罩　12. 密闭箱子　13. 多光谱检测仪　14. 卤素灯角度调节装置　15. 卤素灯　16. 仿生蚁腿翻转机构

（十四）菠萝呵福式分选线

江西绿萌科技控股有限公司研发生产的菠萝呵福式分选线（图 8 - 27），是一条智能化水平高的分选线，目前已在广东省湛江市徐闻县应用。将菠萝放在果杯里进行输送分选，可以减少机械损伤，并可自动称重，判断菠萝大小。研发的内部品质无损检测技术能在不损坏菠萝的情况下，自动检测菠萝的糖度，判断有无黑心、水心等（江西绿萌科技控股有限公司，2021）。

图 8 - 27　菠萝呵福式分选线

（十五）国外菠萝采收机械

墨西哥和哥斯达黎加菠萝果园均采用大型采摘平台辅以人工采摘菠萝（图 8 - 28），墨西哥是利用延伸臂通过皮带传输采摘的菠萝到收集箱，而哥斯达黎加在采摘菠萝后利用延伸臂上的旋转夹指夹住菠萝果实顶部传输，从而避免机械损伤。美国夏威夷、菲律宾的菠萝采收大多采用龙门式采收平台（图 8 - 29），通过液压升降延伸臂，人工采摘配合延伸臂上传菠萝果实至输送带收集装车。Cross Agricultural Engineering 公司研发的菠萝采收机（图 8 - 30），采用履带行走系统，在收获菠萝果实的同时还能将混入收获装置的茎叶等粉碎排出（薛忠等，2021）。

a

b

图 8 - 28　墨西哥（a）和哥斯达黎加（b）菠萝采收平台

a

b

图 8-29 美国夏威夷（a）、菲律宾（b）菠萝采收平台

图 8-30 Cross 菠萝采收机

四、加工设备

（一）菠萝削皮机

北华大学机械工程学院研制了一款菠萝削皮机（图 8-31、图 8-32），包括装夹单元（图 8-33）、去皮单元（图 8-34）、去毛根单元（图 8-35）等关键部件（郝思琦等，2019）。该机工作分为去皮和去毛根两道工序。为方便去皮操作，采用装夹单元夹持固定菠萝；为去除菠萝果实表皮，采取去皮单元来回摆动的方式操作；为高效率去除菠萝的毛根，在去毛根单元设有多排刀具。该机轻便小巧，操作方便，工作效率高，成本低。

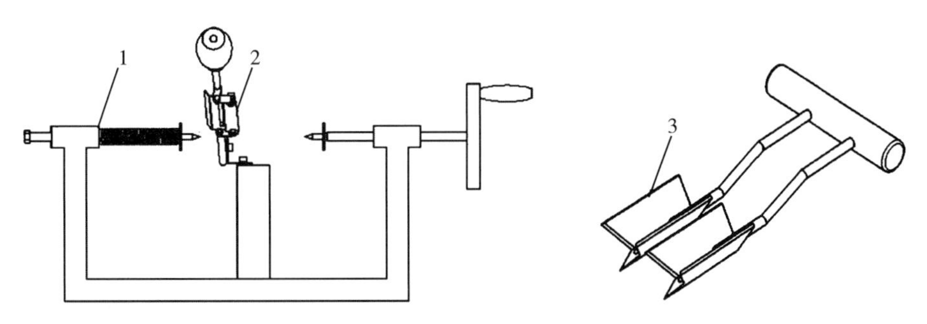

图 8-31 菠萝削皮机方案设计

1. 装夹单元 2. 去皮单元 3. 去毛根单元

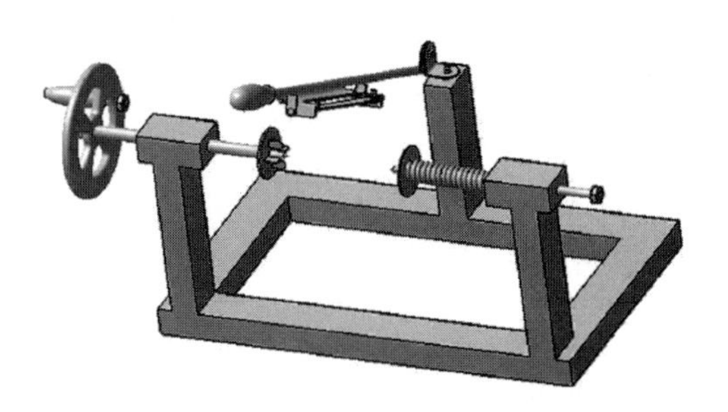

图 8-32 菠萝削皮机结构设计

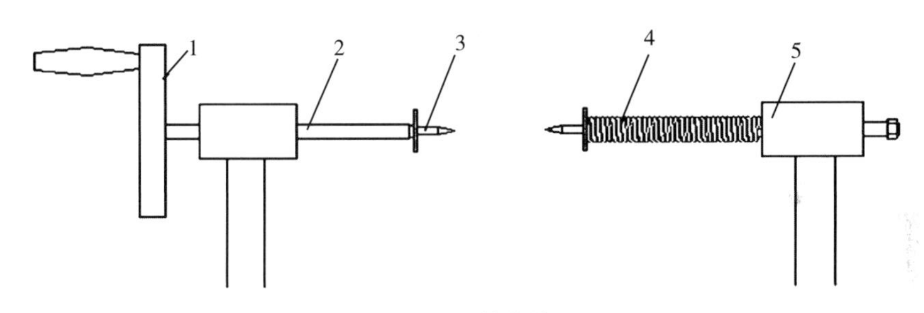

图 8-33 装夹单元

1. 手轮 2. 套筒 3. 顶针 4. 弹簧 5. 支座

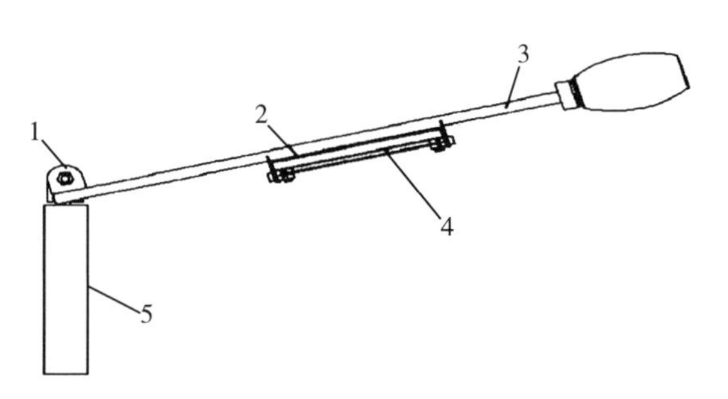

图 8-34 去皮单元

1. 角架 2. 挡片 3. 手柄 4. 去皮刀片 5. 支座

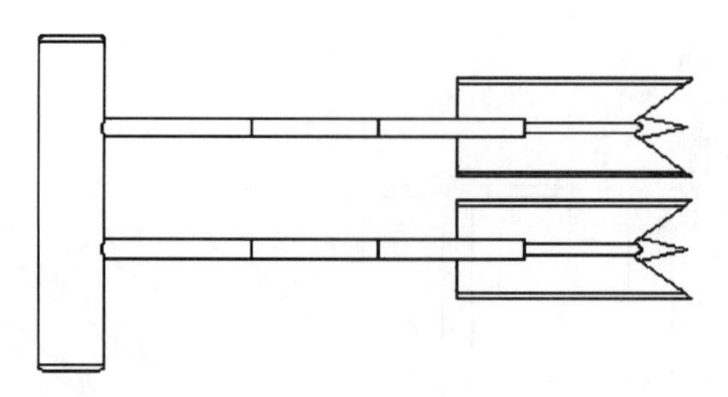

图 8-35　去毛根单元

（二）小型菠萝去皮机

塔里木大学机械电气化工程学院徐正等人仿照人工去皮过程，利用车床作业原理，设计了小型菠萝去皮机（图 8-36），该机主要包括夹持机构、仿形机构（图 8-37）、去刺机构（图 8-38）、去皮机构（图 8-39）和齿轮传动机构等关键机构，采用仿形机构切削，减少了果肉的浪费，去皮、去刺效果好，效率高，成本低，解放劳动力（徐正等，2019）。

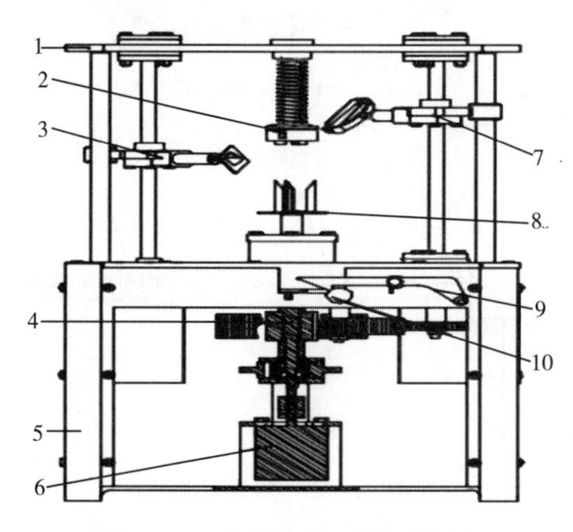

图 8-36　菠萝去皮机的整体结构

1. 上板　2. 夹持装置　3. 去刺机构　4. 传动装置　5. 底箱　6. 电机　7. 去皮机构　8. 下托盘　9. 自锁装置　10. 手柄

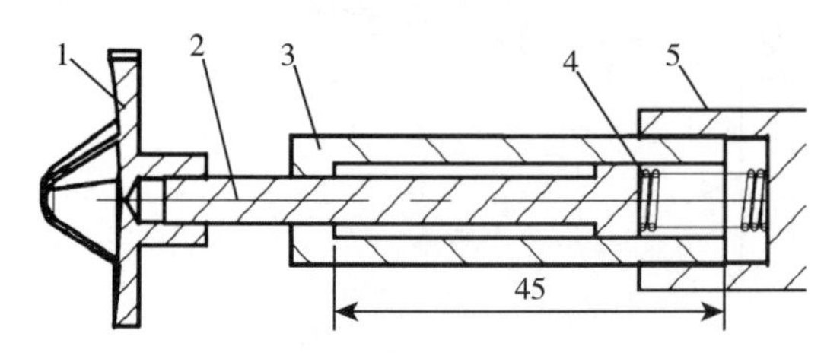

图 8-37　仿形机构结构

1. 去刺刀　2. 刀具活动杆　3. 活动缸　4. 刀座　5. 仿形弹簧

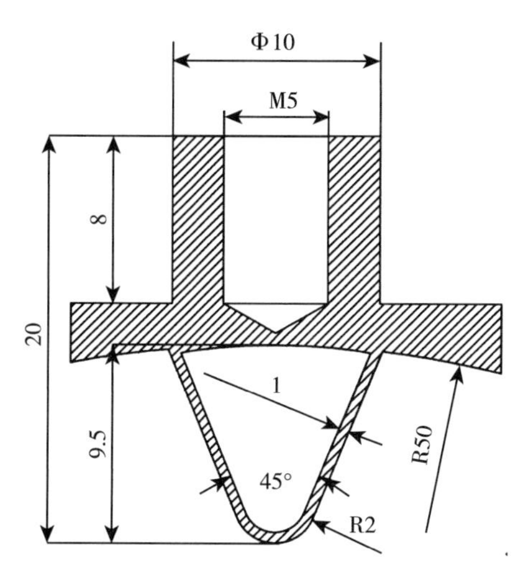

图 8-38　去刺刀具结构（单位：mm）

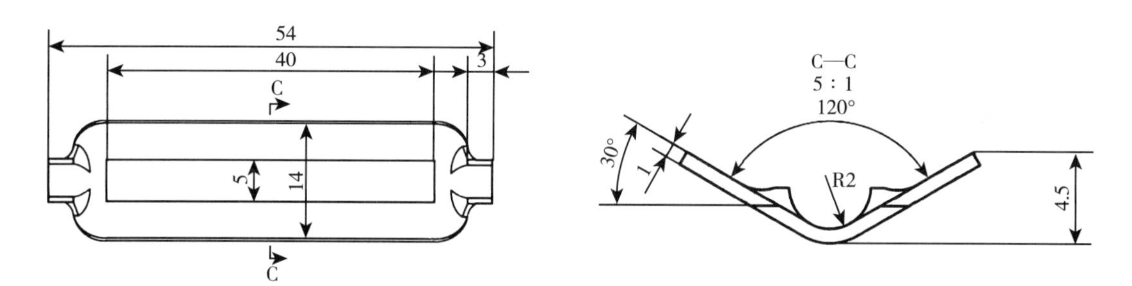

图 8-39　去皮刀具结构（单位：mm）

（三）新型菠萝去皮机

孙德泉等人利用 PLC 控制系统，设计了新型菠萝去皮机（图 8-40），主要包括机身、电动机、切削控制系统、稳定切削装置、环保排屑装置、固定转速装置、动力传动系统、液压传动系统、操纵机构和防护挡板等部分。该机可替代人工去皮操作，去皮性能稳定性好，工作效率高，减少果肉损失，设计的环保排屑装置还有利于菠萝果皮回收（孙德泉 等，2021）。

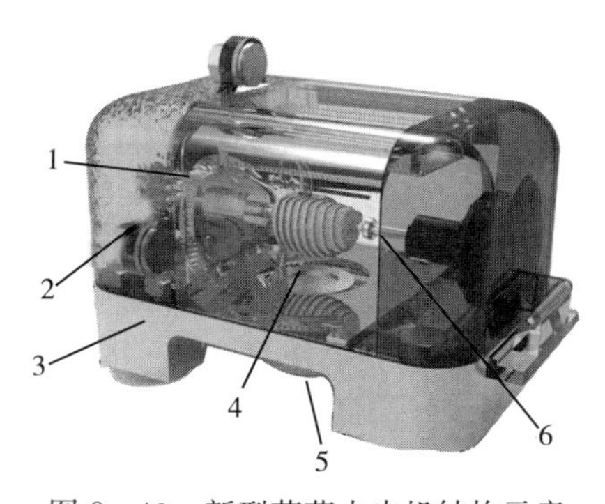

图 8-40　新型菠萝去皮机结构示意

1. 齿轮传动　2. 电动机　3. PLC　4. 椭圆规机构、刀具　5. 排屑装置　6. 液压传动

（四）菠萝果实削皮机

台湾农业委员会农业试验所嘉义农业试验分所利用快速截切技术，研发出菠萝果实削皮机（图 8－41）。该机体积小，机械化去皮、人工辅助切片，工作效率高，每分钟平均处理量可达 10～15 颗，适合小型加工厂使用（唐佳惠等，2019）。

图 8－41　菠萝果实削皮机

（五）菠萝自动去皮及颜色感应去凹坑联合机

韩燕茹等人研发的菠萝自动去皮及颜色感应去凹坑联合机（图 8－42），仿照人工去皮的方法，设计削皮刀具，采用颜色识别感应去除凹坑，通过 PLC 系统控制设备自动投料、剥皮，工作效率高，效果好，节约劳动成本（韩燕如等，2015）。

a

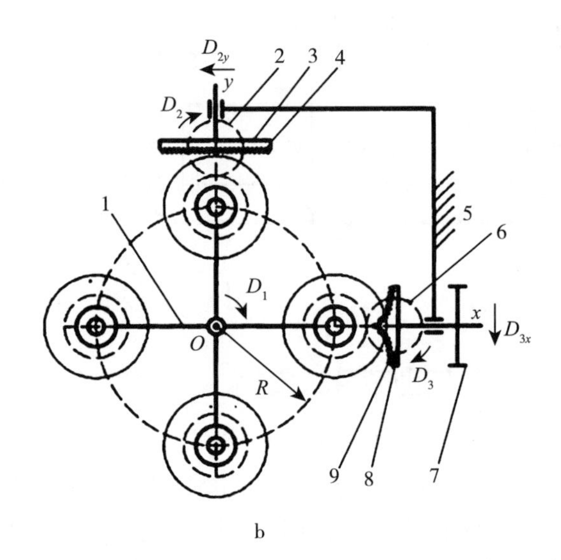

b

图 8－42　菠萝自动去皮及颜色感应去凹坑联合机
a. 刀具图　b. 菠萝去皮通芯机通芯装置
1. 连接杆　2. 齿轮　3. 刀身　4. 平切刀　5. 传送带　6. 齿轮　7. 定位装置　8. 切芯刀身　9. 切芯刀片

（六）菠萝剥皮装置

韩秋韵发明了一种菠萝剥皮装置（图 8－43），该装置由旋转电机、主动带轮、从动带轮、工作台、导向轮、导向轮调节杆、V 槽剥皮刀、V 槽剥皮刀调节杆、剥皮刀固定盘、横梁、升降电机、升降滑块、丝杆、导向轴、基座、平面剥皮刀和平面剥皮刀调节杆等部分组成（韩秋韵，2015）。该装置能解决机械化去皮后得肉率低的问题，降低人工去皮劳动强度，但需对菠萝进行分拣后才能自动剥皮。

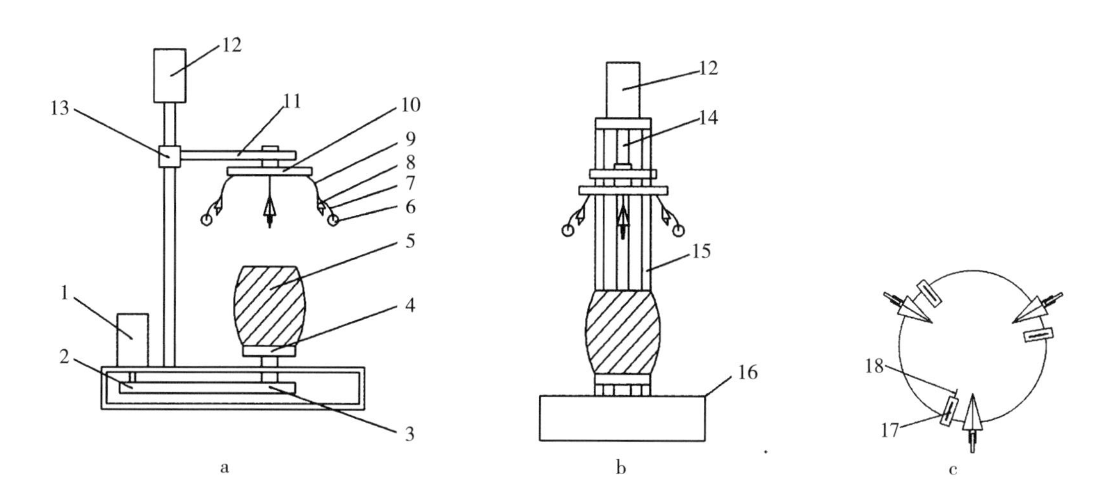

图 8-43　菠萝剥皮装置

a. 整体结构左视图　b. 整体结构主视图　c. 剥皮装置示意

1. 旋转电机　2. 主动带轮　3. 从动带轮　4. 工作台　5. 菠萝　6. 导向轮　7. 导向轮调节杆　8. V 槽剥皮刀　9. V 槽剥皮刀调节杆　10. 剥皮刀固定盘　11. 横梁　12. 升降电机　13. 升降滑块　14. 丝杆　15. 导向轴　16. 基座　17. 平面剥皮刀　18. 平面剥皮刀调节杆

（七）气动菠萝去皮通芯机

张荣轩发明了一种气动菠萝去皮通芯机（图 8-44），该机由喂料、找正、去皮、切头通芯、PLC 控制、气动控制等系统部件和机架组成。该机可解决现有的菠萝去皮通芯设备对菠萝分级要求高、找正功能差、易出现歪果、去皮厚度不均等问题，降低人工操作劳动强度，而且具有双工位能同时加工，提高加工效率。（张荣轩，2015）。

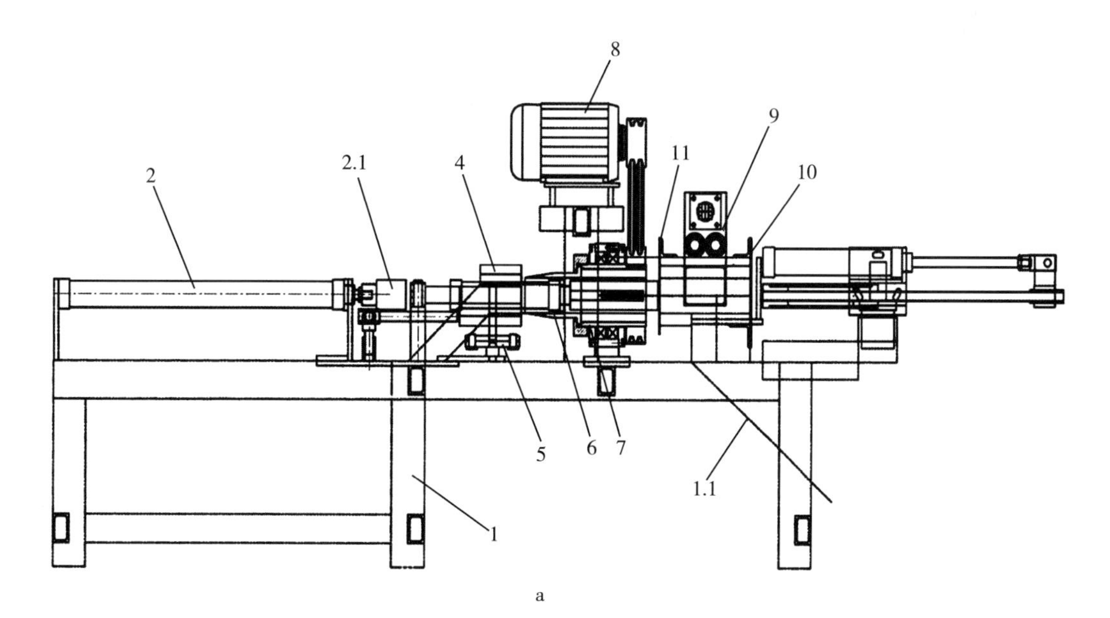

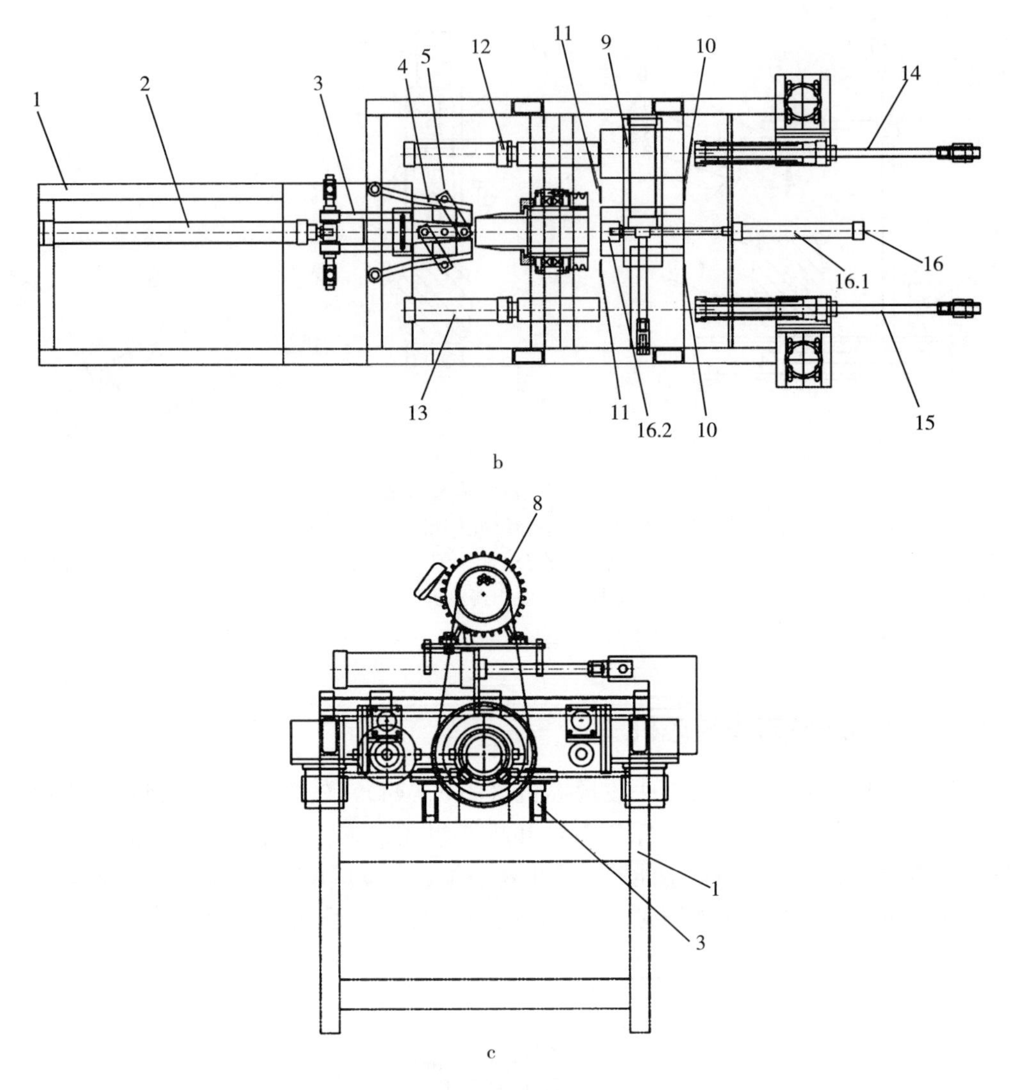

图 8－44　气动菠萝去皮通芯机

a. 总体结构示意　b. 俯视图　c. 左视图

1. 机架　1.1. 卸料斜板　2. 推料气缸　2.1. 推头　3. 菠萝托架　4. 找正装置　5. 弹性预紧互锁装置　6. 旋转刀筒　7. 刀架　8. 驱动电机　9. 双筒装置　10. 前端头切刀　11. 后端头切刀　12. 左推送装置　13. 右推送装置　14. 左通芯装置　15. 右通芯装置　16. 顶压装置　16.1. 顶压气缸　16.2. 顶压头

（八）全自动菠萝去皮通芯机

张永锋发明了一款全自动菠萝去皮通芯机（图 8－45），该机由送料、推料、找正、去皮、切头通芯、动力等系统部件和安装支架组成。动力系统中由主驱动电机驱动精密分割器，再通过精密分割器驱动送料、推料和切头通芯等系统工作，电磁控制器控制送料系统顺时针循环运转、推料系统逆时针循环运转，找正系统进行轴线找正和互锁纠偏，旋转刀筒和摆臂式通芯卸料装置进行去皮通芯。各系统相互配合，可使菠萝在送料过程中不会出现翻滚移位，即使菠萝直径有一定差异，也能保证去皮加工轴线不变，去皮厚度均匀（张永峰，2013）。

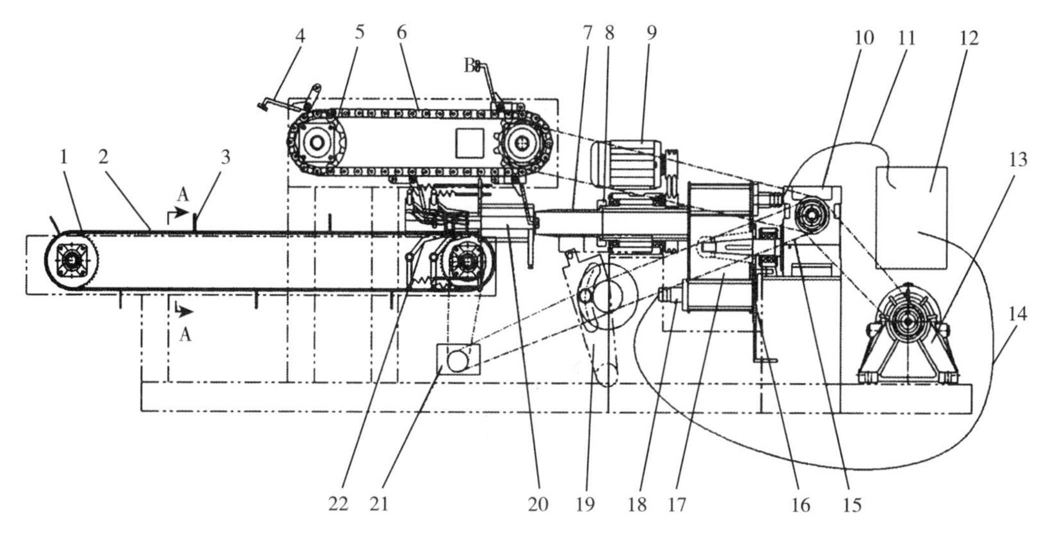

图 8-45　全自动菠萝去皮通芯机总体结构示意

1. 链轮　2. 输送链　3. 挡板　4. 推进器　5. 链轮　6. 链条　7. 旋转刀筒　8. 刀架　9. 驱动电机　10. 精密分割器　11. 吸气管　12. 高压风机　13. 主驱动电机　14. 吹气管　15. 链条　16. 切头装置　17. 六工位等分筒　18. 驱动风口　19. 摆臂式通芯卸料装置　20. 互锁纠偏装置　21. 电磁控制器　22. 轴线找正装置

与现有的菠萝去皮通芯设备相比，该机具有加工后果筒外观好、形状正、烂果歪果率低的优点，而且工作效率高，可多工位同步加工，操作安全性好。

（九）菠萝罐头生产线

菠萝罐头生产线主要包括去皮去芯、整形、装罐、排气、封罐和连续式杀菌等设备，如图 8-46 所示。

a

b

c

d

e

f

图 8－46　菠萝罐头生产线

a. 去皮去芯　b. 整形　c. 装罐　d. 排气　e. 封罐　f. 连续式杀菌

（十）菠萝果汁生产线

菠萝果汁生产线主要包括清洗、调配、水处理、杀菌脱气、高压均质、灌装、隧道喷淋杀菌和外包装等设备，如彩图 10 至彩图 17 所示。

（十一）菠萝果啤生产线

菠萝果啤生产线主要包括粉碎、糊化、糖化、麦汁过滤、煮沸、澄清、麦汁冷却、发酵、硅藻土过滤和灌装等设备，如彩图 18 至彩图 27 所示。

（十二）菠萝果酒生产线

菠萝果酒生产线主要包括鼓泡清洗、去皮破碎、单道打浆、调配、酶解、发酵、回温、贮酒、蒸馏、硅藻土过滤、膜过滤和灌装等设备，如彩图 28 至彩图 39 所示。

五、小结

由于我国菠萝田间生产管理技术机械化水平比较落后，田间生产管理过程主要依赖人工。近年来农村劳动力大量流失，用工成本逐年增加，用工难、效益低严重制约我国菠萝产业健康持续发展。研发菠萝生产管理机械化技术与装备，实现菠萝生产全程机械化，是建立现代化菠萝产业的重要基础（陈敏忠等，2021）。

参考文献

陈敏忠，郑爽，邓干然，等，2021. 湛江市菠萝田间生产机械化需求分析与展望［J］. 现代农业装备，42（2）：18－21.

崔振德，邓干然，覃双眉，等，2021－02－05. 一种菠萝移栽施肥机［P］. 广东：CN212464012U.

邓尾，2013－12－11. 高效型菠萝苗种植机［P］. 广东：CN103430669A.

邓尾，2019－01－01. 一种菠萝施肥机［P］. 广东：CN208300285U.

邓祥丰，2020. 菠萝采摘机关键部件的设计与分析［D］. 成都：成都大学.

傅旻，李晨曦，郑兆启，2020. 半自动拧取式菠萝采摘收集机的设计与分析［J］. 工程设计学报，27（4）：487－497.

韩秋韵，2015－08－19. 一种菠萝剥皮装置［P］. 山东：CN204561778U.

郝思琦，刘洋，张志强，等，2019. 菠萝削皮机的结构设计［J］. 吉林化工学院学报，36（7）：40－42.

洪滉祐，2019. 选果型凤梨采收机械化之研发应用［C］. 台湾农业省工机械化研发应用研讨会论文集，36（7）：40－42.

蒋道林，李建红，李达二，等，2019－05－07. 一种水果分级设备［P］. 广东：CN208825000U.

姜涛，郭安福，程学斌，等，2019. 菠萝自动采摘收集机结构设计与分析［J］. 工程设计学报，26（5）：577－586.

李辉，何金玉，叶羡容，等，2021－05－11. 一种视觉分选检测系统［P］. 广东：CN112775008A.

刘通，宋琦，梁甜甜，等，2019. 小型高效菠萝采摘机的机械结构设计［J］. 吉林化工学院学报，36（11）：40－49.

刘玉杰，郭安福，姜涛，等，2019. 菠萝半自动采摘机的结构设计［J］. 安徽农业科学，46（14）：194－197.

孙德泉，李彩霞，房渤涛，等，2021. 一款新型菠萝去皮机设计［J］. 中国科技信息（13）：36－37.

朱燕，2017. 富来威探索菠萝机械化移栽可行性［J］. 农机市场（6）：43.

薛忠，陈如约，张秀梅，2021. 菠萝机械化种植与收获研究现状［J］. 山西农业大学学报（自然科学版），41（3）：110－120.

唐佳惠，陈甘澍，2019. 凤梨果实快速截切技术小型农产加工的新利器［J］. 农业试验所技术服务季刊（119）：41.

王京，2014－02－05. 一种菠萝自动筛选机［P］. 广东：CN203417855U.

卫泓宇，李日辉，刘冠灵，等，2018. 一种自动菠萝采收机的设计［J］. 机械制造，56（652）：60－64.

徐正，江勇，史俊杰，等，2019. 小型菠萝去皮机的设计［J］. 科技视界（36）：17－18.

薛忠，张秀梅，陈如约，等，2021－06－18. 一种双行菠萝种植机［P］. 广东：CN112970393A.

张荣轩，2015－07－08. 气动菠萝去皮通芯机［P］. 广西：CN204444131U.

张永锋，2014-07-02. 全自动菠萝去皮通芯机［P］. 广西：CN203676056U.
郑爽，周伟，李积华，等，2020-04-21. 一种高地隙履带自走式菠萝采收车［P］. 广东：CN111034458A.
郑爽，2020-10-27. 一种高地隙履带自走式菠萝采收车［P］. 广东：CN211745395U.
邹湘军，黄钊丰，唐昀超，等，2019-12-10. 一种基于双目视觉和多光谱检测技术的菠萝自动分级分拣方法及装置［P］. 广东：CN110548699A.
邹湘军，黄钊丰，唐昀超，等，2020-07-31. 基于双目视觉和多光谱检测技术的菠萝自动分级分拣装置［P］. 广东：CN211134667U.

彩图 1　每 100 克菠萝（MD-2）中不同营养素含量

数据来源：USDA（2017）

彩图 2　气泡式菠萝清洗机

彩图 3　压力榨汁机

彩图 4　超高温瞬时灭菌机

彩图 5　玻璃罐装机

彩图 6　陶瓷过滤设备

彩图 7　菠萝果汁调配罐

彩图 8　菠萝果汁生产线

彩图 9　菠萝叶纤维纺织品

彩图 10　清洗

彩图 11　调配罐

彩图 12　水处理机

彩图 13　杀菌脱气机

彩图 14　高压均质机

彩图 15　灌装机

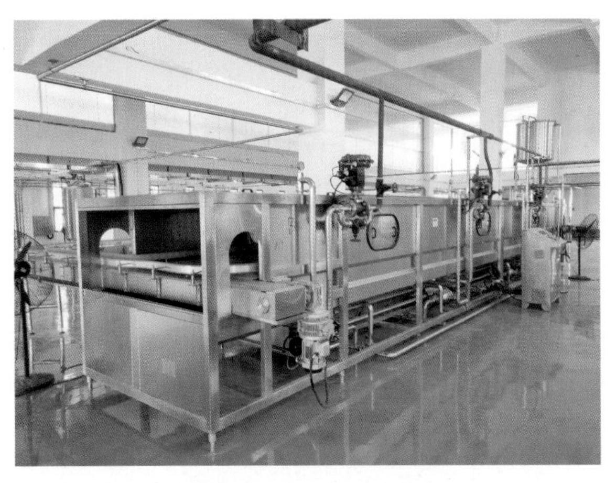

彩图 16　隧道喷淋杀菌机

彩图 17　外包机

彩图 18　粉碎机

彩图 19　糊化锅

彩图 20　糖化锅

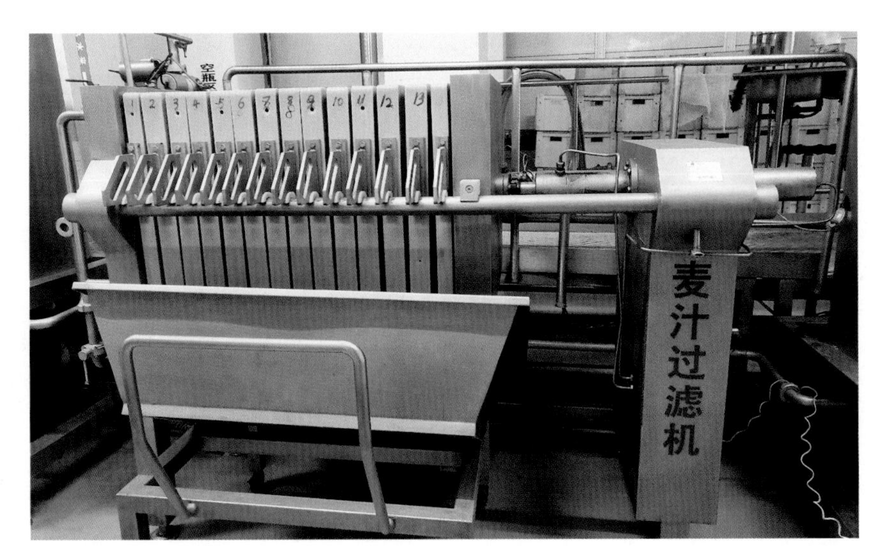

彩图 21　麦汁过滤机

彩图 22　煮沸锅

彩图 23　澄清罐

彩图 24　麦汁冷却器

彩图 25　啤酒发酵罐

彩图 26　硅藻土过滤罐

彩图 27　灌装机

彩图 28　鼓泡清洗机

彩图 29　去皮破碎机

彩图 30　单道打浆机

彩图 31　调配罐

彩图 32　酶解罐

彩图 33　发酵罐

彩图 34　清酒回温罐

彩图 35　贮酒器

彩图 36　蒸馏器

彩图 37　硅藻土过滤机

彩图 39　五连体灌装机

彩图 38　膜过滤机